AF573223

Verborgene Schönheit

Die wunderbare Welt der Pilze

Andreas Leuenberger

Verborgene Schönheit

Die wunderbare Welt der Pilze

Andreas Leuenberger

WEBERVERLAG.CH

Inhaltsverzeichnis

Pilze / Flechten

Wissen

Lebensraum

Rezepte

Infos zum Buch

Vorwort

WILLKOMMEN ZU DER VERBORGENEN SCHÖNHEIT DER PILZE

Oft beurteilen wir Pilze lediglich danach, ob sie essbar, ungeniessbar oder giftig sind. Doch Pilze sollten nicht allein darauf reduziert werden. Sie sind weit mehr als das. Sie sind lebendige Kunstwerke, die sich im besonderen Licht präsentieren. Deshalb lade ich dich ein, mit mir auf einer Reise die verborgene Schönheit der Pilze zu entdecken.

Dabei eröffnet sich uns eine Welt voller Vielfalt an Formen, Farben und Texturen, die eine wahre Quelle der Inspiration darstellt. Es können unerwartete Augenblicke sein, die uns unvergessliche Erinnerungen schenken.

Von den zarten Pilzen, die aus dem Moos spriessen, bis hin zu den majestätischen Arten, die aus dem Boden emporragen, wird die Vielfalt und Einzigartigkeit dieser Organismen sichtbar.

Oft übersehen wir die Tatsache, dass die Schönheit der Pilzwelt weit über ihr äusseres Erscheinungsbild hinausgeht. Denn der Pilz stellt lediglich die sichtbare Spitze eines riesigen Organismus dar – dessen sind sich die wenigsten bewusst.

Es gibt auch tolle Exemplare, die uns kulinarisch erfreuen können. Aber sei vorsichtig! Wenn du nicht sicher bist, lass sie stehen und geniesse sie als optischen Leckerbissen.

Mein Ziel mit diesem Buch ist es, dir eine neue Perspektive auf die verborgene Schönheit der Pilze zu eröffnen. Ich hoffe, dass du durch das Eintauchen in dieses Buch eine tiefere Wertschätzung für die erstaunliche Vielfalt und die ökologische Bedeutung der Pilze entwickelst. Möge dein nächster Spaziergang in der Natur durch dieses Buch zu einem neuen, bereichernden Erlebnis werden.

Mach dich also bereit, in die verborgene Schönheit der Pilze einzutauchen. Ich wünsche dir eine inspirierende und aufschlussreiche Reise durchs Pilzjahr

Andreas Leuenberger

Winterpilze

Mein Start zur Pilzjagd hat bereits im Winter begonnen, zwar noch zaghaft, aber doch mit dem Wissen, dass es sie gibt. Und siehe da, sie lassen sich finden und auch fotografisch einfangen. Es war mein Ziel, ein Jahr lang solche Glanzpunkte zu finden und festzuhalten.

Blick von der Waldegg-Allmi – Winter

Teamwork in der Natur

«Mykorrhiza» hat seinen Ursprung im Griechischen und bedeutet wörtlich übersetzt «Pilzwurzel». Diese enge und gegenseitig vorteilhafte Beziehung zwischen Pilzen und Pflanzen nennt sich auch Symbiose. Im Boden verbindet sich das Pilzgeflecht mit den Feinwurzeln der Bäume. Die Pilze vergrössern die Fläche, aus der Bäume Wasser und Mineralstoffe aufnehmen können. Im Gegenzug geben die Bäume den Pilzen Kohlenhydrate als Nahrung ab. Diese symbiotische Beziehung spielt eine wichtige Rolle für die Gesundheit der Pflanzen, die Fruchtbarkeit des Bodens und die Stabilität von Ökosystemen.

Pilze sind keine Pflanzen

Pilze werden oft mit Pflanzen verwechselt, aber sie gehören tatsächlich zu einem eigenen Reich in der Natur, dem Pilzreich, den Eukaryoten. Pilze haben eine andere Zellstruktur als Pflanzen. Pflanzen bestehen aus Zellwänden, die aus Zellulose aufgebaut sind, während Pilze Chitin in ihren Zellwänden haben, ähnlich wie bei Insekten. Pilze sind nicht in der Lage, durch Photosynthese ihre eigene Nahrung herzustellen. Sie zersetzen abgestorbenes organisches Material oder leben als Parasiten auf anderen lebenden Organismen.

Pilze

Das Myzel

Stell dir vor, du tauchst in den bodenlosen, magischen Untergrund ein, wo ein geheimnisvolles Netzwerk verborgener Kreaturen und leuchtender Fäden auf dich wartet. Das ist das Myzel, der Superstar unter den Pilzen!

Das Myzel ist wie das Internet des Waldes. Es ist ein riesiges, unsichtbares Netzwerk, das sich unter unseren Füssen erstreckt und sich über die gesamte Erde ausbreitet. Alle sind miteinander verbunden und tauschen Informationen aus. Sie chatten miteinander!

Aber warte, es wird noch besser! Das Myzel ist ein echter Held der Umwelt. Es arbeitet als Untergrundgeheimagent und hilft dabei, die Natur im Gleichgewicht zu halten. Es ist ein Recycling-Profi, denn es zersetzt tote Pflanzen sowie Tiere und verwandelt sie in nährstoffreichen Humus. Ohne das Myzel würde der Wald in einem Chaos versinken und überall würde es faulende Überreste geben. Das Myzel räumt auf wie ein wahrer Superheld!

Aber damit nicht genug, das Myzel hat auch eine geheime Superkraft: Es kann mit anderen Pflanzen kommunizieren! Ja, du hast richtig gehört. Es ist wie der Dolmetscher des Waldes. Wenn eine Pflanze hungrig oder gestresst ist, sendet sie chemische Signale aus, und das Myzel übersetzt sie für andere Pflanzen. Es ist wie ein unterirdisches soziales Netzwerk, das den Pflanzen hilft, sich gegenseitig zu unterstützen und zu schützen. Ein echter Pilz-Lieferservice, der sicherstellt, dass alle im Wald gut versorgt sind. So ähnlich wie ein Team von Superhelden, die zusammenarbeiten, um die Welt zu retten!

Das Myzel kann bis zu einem Kilometer pro Tag wachsen

Also, das nächste Mal, wenn du einen Pilz siehst, denk daran, dass er nur die Spitze des Eisbergs ist. Tief unter der Erde verbirgt sich ein ganzes Universum aus faszinierenden Kreaturen, die das Myzel bewohnen. Es ist wie eine geheime Party, zu der wir Menschen leider nicht eingeladen sind. Aber hey, wir können immer noch staunen und uns von der Magie der Pilze verzaubern lassen!

Vielfalt von Flechten auf einem Holzzaun

Pilz und Partner

Die Flechte ist kein Pilz oder Moos, obwohl viele sie versehentlich zu diesen zählen. Flechten sind eine Lebensgemeinschaft zwischen einem Pilz und einem Partner, der durch Photosynthese Licht in organische Substanzen umwandelt. Häufige Partner sind Grünalgen oder Cyanobakterien. Sie sind demnach ein Mischwesen aus Algen und Pilz.

Wissenswert

Der Pilz beherbergt in einer speziellen Schicht in seinem Inneren einen Photobionten, der Photosynthese betreibt und dem Pilz – im Austausch für den ihm gewährten Schutz vor Frass-, UV- und Trockenschäden – Nährstoffe wie z. B. Zucker liefert. Der Photobiont ist entweder eine Grünalge oder ein Cyanobakterium. Diese Kombination aus vorteilhaften Eigenschaften zweier Organismen erlaubt es den Flechten, Lebensräume zu besiedeln, die für andere Organismen wie z. B. Pflanzen nicht bewohnbar sind.
(Quelle: swisslichens.wsl.ch)

Lebensweise

Flechten fügen Bäumen keine gesundheitlichen Schäden zu. Im Gegenteil, sie dienen als natürlicher Schutz gegen schädliche Pilz- und bakterielle Infektionen. Allerdings können sie Knospen überwuchern und so eine Blüte verhindern.

Extremes Lebensumfeld

In der Wüste und in der Arktis gedeihen Flechten, was nur wenigen gelingt. Sie können sich an extreme Bedingungen anpassen.

Flechten

Vielfältige Formen

Flechten können die unterschiedlichsten Formen annehmen. Für gewöhnlich werden sie morphologisch in die Gruppen Krustenflechten, Strauchflechten und Blattflechten eingeteilt. Einige Arten pflanzen sich sexuell fort, indem sie Fruchtkörper bilden, aus denen Sporen in die Luft gelangen. Andere Arten beschränken sich in ihrer Fortpflanzung auf asexuelle Methoden, z. B. indem sich kleinste Stücken Pilz- und Algengewebe vom Körper der Flechte lösen und mithilfe von Wind, Wasser oder Tieren an neue Orte gelangen.

(Quelle: swisslichens.wsl.ch)

Wo wachsen sie?

Flechten wachsen auf allen nur erdenklichen Unterlagen. Die häufigsten Substrate sind Rinde, Holz, Erde und Gestein. Manchmal sitzen die Flechten nicht direkt auf dem Substrat, sondern auf einer Schicht Moos, die das Substrat bedeckt. Nebst diesen häufigen Substraten wachsen Flechten aber auch auf Blättern, Nadeln, Steinmauern, Dachziegeln, Metallrohren, Autodächern, Elektrozäunen und vielen anderen Dingen, die von Menschenhand gefertigt wurden.

(Quelle: swisslichens.wsl.ch)

Charakteristische Flechte auf der Borke eines Baumes, hier einer Birke.

Was ist das?

Da verspreche ich dir, die verborgene Schönheit der Pilze zu zeigen, und nun beginne ich mit einem Eisgebilde. Aber genau darum geht es in diesem Buch. Lange Zeit war unklar, wie Haareis entsteht. Der Anblick erinnert an gekämmte Wolle, Federn oder Zuckerwatte. In der Forschung ist dieses Naturphänomen als «Haareis» oder auch «Eiswolle» bekannt. Je nach Ausprägung kann es wie eine richtige Frisur aussehen. Im Optimalfall erreichen die Fäden eine Länge von bis zu 15 Zentimeter und sind dabei extrem dünn, nämlich etwa 0,02 Millimeter – das ist dünner als menschliches Haar.

Fundort

Das Haareis bildet sich auf morschem Holz verschiedenster Laubbäume wie beispielsweise Eiche, Buche oder Ahorn. Die betroffenen Äste weisen in der Regel eine Dicke von 2 bis 4 Zentimeter auf.

Lebensweise

Um dieses faszinierende und seltene Phänomen zu beobachten, müssen bestimmte Bedingungen erfüllt sein. Zum einen sollte die Temperatur leicht unter dem Gefrierpunkt liegen, zum anderen muss es windstill sein. Die Chancen steigen, wenn es in den Tagen zuvor viel geregnet hat und eine hohe Luftfeuchtigkeit herrscht. Wenn die Luft austrocknet, verwandelt sich das zarte Haareis in Wasserdampf. Ich hatte das Glück, zum richtigen Zeitpunkt am richtigen Ort zu sein.

Pilz als Auslöser

Wasser, das sich im morschen Holz befindet, tritt aus, gefriert und zieht dabei weiteres Wasser aus den Holzporen nach, das wieder denselben Prozess durchläuft. Das Haareis wächst also nicht wie Eisblumen an den Spitzen weiter, sondern am Austrittspunkt des Wassers. Um jedoch Haare zu bilden, ist das Vorhandensein eines Pilzes erforderlich, der wie ein Frostschutzmittel wirkt. Daher kann Haareis nur an morschem Holz entstehen. Die Bildung von Haareis wird massgeblich durch Moleküle des zersetzten Holzes beeinflusst, die im Eis eine Art Gerüst bilden. Nur auf diese Weise bleiben die Fäden des Haareises stabil und können im Idealfall über mehrere Tage hinweg bestehen bleiben. Am folgenden Tag, als ich noch einmal nachsah, war jedoch kein Haareis mehr zu finden.

Wissenschaftliche Studie

2008 bestätigten die Forscher Gerhart Wagner und Christian Mätzler von der Universität Bern diese Grundannahme weitgehend in einer biophysikalischen Studie: Demnach wird Haareis durch ein im Holz lebendes Pilzmyzel verursacht; Exidiopsis effusa, auch Rosagetönte Gallertkruste genannt, war in allen untersuchten Proben vorhanden.

(Mätzler, Christian/Wagner, Gerhart (2008): Haareis auf morschem Laubholz als biophysikalisches Phänomen, Universität Bern.)

Filigran
Hauchzart und feingliedrig, aber nur für eine kurze Zeit.

Haareis

Exidiopsis effusa

Zusammenarbeit
Samtfussrüblinge und Geweihförmige Holzkeulen arbeiten gemeinsam an der Zersetzung dieses Baumstamms.

Samtfussrübling

Flammulina velutipes

Erlebnisreich

Als ich zuhause die Bilder betrachtete, sah ich zu meiner Überraschung, dass neben den Samtfüssrüblingen noch Geweihförmige Holzkeulen auf dem Baumstumpf zu sehen sind. Du wirst sie noch kennenlernen.

Fundort

Samtfussrüblinge wachsen oft im gleichen Habitat wie der Austernseitling und das Judasohr. Ich habe selber Judasohren und Samtfussrüblinge nicht weit voneinander gefunden. Voraussetzung waren feuchte oder nasse Bedingungen.

Lebensweise

Wie der Austernseitling benötigt auch der Samtfussrübling eine Starthilfe, und zwar in Form von niedrigen Temperaturen (ca. 0 Grad), um Fruchtkörper zu bilden. Bei noch kälteren Bedingungen setzt er sein Wachstum zwar aus, übersteht jedoch sogar sehr tiefe Temperaturen. Selbst Schnee kann ihm nichts anhaben. Wie schafft er das? Der Samtfussrübling verfügt über Frostschutzproteine, die den Gefrierpunkt des Wassers herabsetzen.

Gattung
Rüblinge

Vorkommen
Meist Laubholz

Jahreszeit
Spätherbst bis Frühjahr, vor allem nach erstem Frost

Sporenpulverfarbe
Weiss

Hut und Fruchtkörper
Ca. 2–9 cm

Schöne Farbtupfer in einer eher blassen Umgebung.

Lollo Rossa
Sieht aus wie der aus Italien stammende dunkelrote Pflücksalat. Doch sei versichert, der Geschmack des Grosssporigen Gallertbecher kann nicht mithalten, weil er ungeniessbar ist.

Grosssporiger Gallertbecher

Ascocoryne cylichnium

Fundort

Bei uns befinden sich an verschiedenen Stellen aufgeschichtete Baumstämme als Holzlager, die zur weiteren Verarbeitung zu Pellets vorgesehen sind. Einige dieser Stämme sind bereits seit etlichen Jahren dort platziert. Auf ihnen kann man eine Vielzahl von Pilzen entdecken. In dem kleinen Bild rechts kann man mindestens fünf verschiedene Pilze bewundern. Wenn du das nächste Mal solch altes Holz siehst, nimm dir einen Moment Zeit und schau genau hin – vielleicht entdeckst du den einen oder anderen Pilz.

Verwechslungsgefahr

Eine eindeutige Pilzbestimmung ist von blossem Auge nicht immer möglich. In diesem Fall sieht der Fleischrote Gallertbecher sehr ähnlich aus. Eine sichere Unterscheidung ist nur durch mikroskopische Untersuchung reifer Sporen möglich.

Wissenswertes

An diesem Pilzwachstum kann man gut sehen, wie Pilzsporen in die Kerbe des Stammes eingedrungen sind. Diese entwickeln Pilzfäden, auch als Hyphen bekannt, die mithilfe von Enzymen die Holzbestandteile zerlegen. Dieser Prozess kann sich über mehrere Jahrzehnte erstrecken. Erst wenn Fruchtkörper sichtbar werden, ist eine Erfassung des Pilzbefalls möglich, und die genaue Pilzart kann identifiziert werden.

Gattung
Gallertpilz

Vorkommen
Totholz von Laubbäumen, bevorzugt Buchen, büschelig wachsend

Jahreszeit
Herbst bis Winter

Sporenpulverfarbe
Hell, farblos, weisslich

Hut und Fruchtkörper
Ca. 0,3–1,8 cm

Auf diesen Baumstämmen sitzen mindesten 5 verschiedene Pilze.

Erlebnisreich

Während meines Streifzugs durch den Auenwald entlang der Lütschine entdeckte ich diesen wunderschönen Winter-Stielporling. Man muss sich schon etwas durch das Unterholz kämpfen, um die Vielfalt der Natur in ihrer vollen Pracht zu erleben.

Fundort

Auf dem Weg nach Zweilütschinen passiert man einen malerischen Waldstreifen, der entlang der Hauptstrasse und der Lütschine verläuft. Der Boden ist mit einer dicken Schicht alter Blätter bedeckt, und es scheint, als ruhe alles um die Winterzeit – doch dem ist nicht so.

Lebensweise

Als Folgezersetzer spielt dieser Pilz eine entscheidende Rolle im Ökosystem, wie an dem Ast deutlich wurde, auf dem er wuchs. Dieser war so morsch, dass er buchstäblich in meiner Hand zerfiel. Ein beeindruckendes Beispiel dafür, wie der Winter-Stielporling dazu beiträgt, den Wald sauber und aufgeräumt zu halten.

Duft und Geschmack

Winter-Stielporlinge verströmen zwar einen angenehmen pilzigen Duft, und auch der Geschmack ist mild bis unauffällig. Dennoch macht ihre zähe, holzige bis gummiartige Konsistenz diese Art ungeniessbar

In feuchten Auenwäldern fühlen sie sich wohl.

Gattung
Porling, Stielporling

Vorkommen
Parks, Auenwälder, Gärten, meist an totem Laubholz

Jahreszeit
September bis April

Sporenpulverfarbe
Weiss

Hut und Fruchtkörper
Ca. 4–8 cm

Die Natur kennt keine Pause
Selbst inmitten des winterlichen Graus setzen Stielporlinge und Moose farbenfrohe Akzente.

Winter-Stielporling

Lentinus brumalis

Fundort

Auf verrottendem Holz entdeckte ich diesen winterharten Pilz, dessen Fruchtkörper typischerweise auf Baumstümpfen, aber auch auf abgestorbenen Ästen und Baumstämmen wachsen.

Lebensweise

Die Schmetterlingstramete bildet im Inneren des abgestorbenen Holzes ein ausgedehntes Netzwerk aus weissen Fäden (Hyphen), durch das sie die Nährstoffe des Holzes aufnimmt. Das Hyphen spielt auch eine wichtige Rolle beim Abbau des Holzes in seine mineralischen und organischen Bestandteile.

Aussehen

Die Schmetterlingstrameten zeigen sich nicht nur in Blau, sondern auch in Ockergelb, Rot, Braun und sogar Schwarz. Wie der lateinische Name bereits andeutet, handelt es sich um einen äusserst farbenprächtigen Pilz, der dazu einlädt, fotografiert zu werden.

Wissenswertes

Diese einzigartigen Pilze finden mitunter auch Verwendung bei der Dekoration von Blumengestecken. Zudem werden sie auch als Vitalpilze, das sind Pilze, die aufgrund ihrer Zusammensetzung als besonders gesund gelten sollen, genutzt. Der Begriff Vitalpilz wurde hauptsächlich aus Marketinggründen geprägt. Die meisten dieser Pilze stammen aus der chinesischen Medizin, wo sie seit Jahrhunderten verwendet werden.

Sie sitzen ästhetisch angeordnet auf abgestorbenem Holz.

Gattung
Porlinge, Trameten

Vorkommen
Laubholz wie Buchen, Eichen, Birken, Pappeln

Jahreszeit
Ganzjährig (einjährig)

Sporenpulverfarbe
Hellgelblich

Hut und Fruchtkörper
Ca. 2–8 cm

Farbenfroh
Der lateinische Namenszusatz «versicolor» ist sehr passend für diesen Pilz, da er bunt oder schillernd bedeutet.

Schmetterlingstramete

Trametes versicolor

Fundort

Dieser auffällige Pilz ist ein echter Hingucker und kann fast das ganze Jahr über gefunden werden, besonders jedoch im Herbst und bis in den Winter hinein. Sein bevorzugter Standort ist totes Laubholz.

Aussehen

Die geweihförmige Holzkeule sieht von weitem aus wie ein Baumstumpf mit grauem Haar. Im Gegensatz zu vielen Menschen ist er in seiner Jugend bereits grau und wird im Alter schwarz.

Dieser Pilz entführt die Betrachtenden in eine faszinierende Welt voller Details. Der besondere Reiz liegt in der natürlichen Erscheinung dieser Holzkeulen. Zahlreiche Exemplare ragen majestätisch aus verwitterten Baumstümpfen empor, während einige ihre geweihförmigen Arme auf der Schnittfläche abgestorbener Baumstümpfe ausbreiten und wiederum andere leicht geneigt sind. Die Enden der Pilze präsentieren sich in einer einzigartigen Vielfalt. Die Seitenarme können sich weit ausbreiten, wodurch jedes Exemplar sein eigenes, unverwechselbares Erscheinungsbild erhält. Innezuhalten und sich auf diese wundersame Vielfalt einzulassen, gewährt einen tieferen Einblick in die Schönheit und Funktionalität der Natur. Jeder Moment der Betrachtung wird zu einer bereichernden Erfahrung, die die Sinne belebt und die Verbindung zur Umwelt stärkt. Gleichzeitig lehrt sie uns, auch das scheinbar Unbedeutende zu verstehen und zu schätzen.

Sei aufmerksam, damit du diese bizarren Strukturen bewundern kannst.

Gattung
Holzkeulen

Vorkommen
Abgestorbenes Laubholz, selten auf Nadelholz

Jahreszeit
Ganzjährig

Sporenpulverfarbe
Unreif weiss, später dunkeloliv-braun, schwarzbraun

Hut und Fruchtkörper
Ca. 1–10 cm

Zeitlose Vielfalt
Etwas struppig und verdorrt sitzen sie oft auf moosbedeckten Baumstümpfen und erfreuen sich ihrer Vielfalt.

Geweihförmige Holzkeule

Xylaria hypoxylon

Aussehen

Judasohren haben eine typische, ohrenähnliche Form und sind meist braun bis schwarz gefärbt. Sie sind weich, gummiartig und können eine Grösse von bis zu 10 Zentimetern erreichen.

Namensgebung

Der deutsche Volksname «Judasohr» geht auf eine Sage zurück. Es wird erzählt, dass Judas Iskariot, der Jünger, der Jesus mit einem Kuss verriet, sich aus Gram an einem Holunderbaum erhängte. Das Judasohr erscheint tatsächlich häufig an älteren und geschwächten Stämmen und Ästen des Schwarzen Holunders. In Kombination mit seinem ohrähnlichen Aussehen entstand daraus die Bezeichnung «Judasohr».

Wissenswertes

In China findet der «Waldohr- oder Mu'err-Pilz» seit mehreren tausend Jahren als Speisepilz Verwendung. Die Menschen betrachten ihn als Quelle purer Gesundheit. In der chinesischen Medizin wird er seit rund 1500 Jahren eingesetzt, und seit dieser Zeit wird er systematisch in grossen Mengen kultiviert. Das Judasohr ist einer der ältesten kultivierten Pilze überhaupt.

Sie thronen oft auffällig an Holunder oder anderen Baumstämmen.

Gattung
Ohrlappenpilze

Vorkommen
Meist Laubholz wie Holunder, Birke oder andere Laubhölzer

Jahreszeit
Winter und Frühlingszeit bei feuchter Witterung

Sporenpulverfarbe
Weiss, gelblich-cremefarbig

Hut und Fruchtkörper
Ca. 1–13 cm

Lauschen im Wald
Diese Ohren lauschen aufmerksam, aber sie können dennoch nichts hören.

Judasohr

Auricularia auricula-judae

Pilzplatte
Entlang der Schnittfläche eines markanten Baumstamms präsentiert sich den Betrachtenden eine beeindruckende Ansammlung faszinierender Porlinge, die alle auf ästhetische Weise aufgereiht sind.

Porlinge

Die Pilze leben gerne als eigenständige Arten und grenzen sich voneinander ab. Auf diesem Baumstamm leben verschiedene Pilze zusammen, jedoch jede Art für sich. Daher entsteht dieses Muster.

Erlebnisreich

Ich staunte nicht schlecht, als ich plötzlich Rot sah! Das hatte ich eigentlich nicht so erwartet, weil die Natur erst daran war, zu erwachen. Diese unerwartete Farbexplosion inmitten der natürlichen Umgebung verstärkte die Einzigartigkeit dieses Pilzes. Die Seltenheit dieses Pilzes unterstreicht seine empfindliche Natur und die Fragilität seines Lebensraums. Dieser Pilz, der meine Erwartungen übertroffen hat, dient als Erinnerung daran, dass die Natur oft Überraschungen bereithält und unsere Pflege und Aufmerksamkeit verdient.

Lebensweise

Im Spätherbst entwickelt der Österreichische Prachtbecherling bereits winzige Fruchtkörper von der Grösse eines Stecknadelkopfs, die über den Winter bestehen bleiben. Zwischen Februar und April entfalten sie sich dann in ihrer vollen Pracht, nachdem die Frostperiode vorüber und der Schnee geschmolzen ist. Dieser Pilz wird in der Welt der Mykologie als besonders schön und selten angesehen, was ihn zu einem begehrten Motiv für Fotograf:innen macht.

Aussehen

Der Österreichische Prachtbecherling ist oft nur durch seine auffällige Farbe des Inneren seines Bechers sichtbar. Er bekommt seine lebendige rote Färbung durch den Farbstoff Carotin.

Sie wirken wie Diven in extravagantem Gewand.

Gattung
Becherlinge

Vorkommen
Auenwälder, an Laubholzästen wie Erlen, Weiden, Espen, sandige, kalkreiche Böden

Jahreszeit
Winter bis Mai

Sporenpulverfarbe
Weiss, farblos

Hut und Fruchtkörper
Ca. 1–7 cm

Durststiller
Der Prachtbecherling wird auch als Elfenbecher bezeichnet, da laut alter Überlieferungen Elfen und Feen aus ihm ihren Durst mit dem klaren, und wundersamen Morgentau stillen.

Österreichischer Prachtbecherling

Sarcoscypha austriaca

Fundort

Im Wald, wo der Boden mit Moos bedeckt und von Blättern übersät ist, ragen kleine Pilzköpfe hervor, die sich geschickt tarnen. Man fragt sich, um welche Art von Pilzen es sich handelt. Wenn man den Bereich um den Pilz herum freilegt, stösst man auf einen Fichtenzapfen, aus dem die Pilze seitlich herauswachsen. Daher auch der entsprechende Name. Wenn man genauer hinschaut, findet man weitere Exemplare.

Lebensweise

Fichtenzapfenrüblinge, auch als Nagelschwämme bekannt, tragen dazu bei, dass abgefallene Zapfen, die ihren Zweck erfüllt haben, verschwinden. Sie fördern den Verrottungsprozess, indem sie abgestorbenes organisches Material in anorganisches umwandeln und so einen geschlossenen Kreislauf schaffen.

Wissenswertes

Aufgrund der in ihm enthaltenen Abwehrstoffe, mit denen der Fichtenzapfenrübling sein Territorium verteidigt (indem er niemanden in seiner Nähe duldet), werden aus diesem Pilz in der Pharmaindustrie Heilmittel gegen Pilzerkrankungen gewonnen.

Er wächst häufig zur selben Zeit wie der Huflattich.

Gattung
Rüblinge, Zwergrüblinge, Nagelschwämme

Vorkommen
Mischwald, Nadelwald, Fichtenzapfen

Jahreszeit
Frühlingspilz, ab Februar, vereinzelt Sommer bis Herbst

Sporenpulverfarbe
Weiss

Hut und Fruchtkörper
Ca. 1–3 cm, je nach Feuchte

Widerspenstig
Der Fichtenzapfenrübling duldet keine anderen Pilze auf dem Zapfen. Er verteidigt sein Territorium.

Fichtenzapfenrübling

Strobilurus esculentus

Erlebnisreich

Ich werde mir den 17. April notieren müssen, denn ich habe endlich diese Speisemorcheln gefunden. Eine majestätische Esche, umgeben von den bekannten Zeigerpflanzen, hat mich zu diesem besonderen Ort geführt.

Duft und Geschmack

Es ist ratsam, Morcheln vor der Verwendung zu trocknen, da sie erst in diesem Zustand ihr volles Aroma und ihren charakteristischen Geschmack entfalten können. Morcheln verleihen vielen Gerichten auf einzigartige Weise eine besondere Geschmacksnote.

Wissenswertes

Um Morcheln zu finden, benötigt man ein geschultes Auge und ein gewisses Mass an Erfahrung. Selbst wenn man sich direkt vor ihnen befindet, kann man die gut getarnten Pilze leicht übersehen. Pflanzen wie Schlüsselblumen, Schneeglöckchen, Maiglöckchen, Bärlauch, Wildanemonen, Eschen, Pestwurz oder Weinbergschnecken (wegen der Schale) sind Anzeiger für kalkreichen Boden, wo sich auch Morcheln bevorzugt befinden.

Eschentriebsterben

Zwischen 90 und 95% der Eschen in der Schweiz sind von dieser Baumkrankheit betroffen, was zu einem verstärkten Fällen von Eschen führt. Dies hat wiederum negative Auswirkungen auf den Lebensraum der Morcheln. Die Krankheit wird durch den aus Ostasien stammenden Pilz Hymenoscyphus fraxineus verursacht.

Gut getarnt und oft übersehen.

Gattung
Morcheln

Vorkommen
Auenwälder, Gärten, Parks, kalkreiche oder sandige Böden, Waldränder, harte Forstwege, sehr standortstreu

Jahreszeit
Februar bis Juni, je nach Höhenlage, zur Apfelblütenzeit

Sporenpulverfarbe
Weisslich

Hut und Fruchtkörper
Ca. 2–8 cm

Glückspilz
Nicht jedem ist es vergönnt, diesen exquisiten Schatz zu finden.

Gemeine Morchel

Morchella vulgaris

In solchen Gebieten mit zahlreichen Bäumen und Sträuchern ist die Vielfalt der Fauna und Flora besonders beeindruckend. Hier gedeihen nicht nur die Pilze, die du bisher gesehen hast, sondern es gibt auch eine Vielzahl von Tieren, die hier leben.

Besonders auffällig ist eine Gruppe von Gänsen, die diesen Ort als ihren Lebensraum gewählt hat und sich offensichtlich sehr wohlfühlt. Es ist nahezu das ganze Jahr über möglich, sie hier zu beobachten.

Auenlandschaft

Feuerzeug für Unterwegs
Bereits in der frühesten Menschheitsgeschichte beherrschte man die Kunst, Feuer zu entfachen und zu transportieren.

Zunderschwamm

Fomes fomentarius

Namensgebung

Aufgrund seiner äusserst leicht entzündlichen Trama, dem Fleisch seines Fruchtkörpers, erhielt dieser Baumpilz den Namen «Zunder». Die Besonderheit des Zunderschwamms liegt darin, dass seine dicke Kruste die Trama effektiv vor Feuchtigkeit schützt. Daher erwies er sich schon in prähistorischen Zeiten als ausgezeichnetes Feuerzeug für unterwegs. Die Geschichte des berühmten Ötzi, der einen solch praktischen Zunderschwamm bei sich trug, ist nahezu jedem bekannt. Seit der Steinzeit wurde das Hutfleisch (die Trama) zum Auffangen der Funken und so zum Feueranzünden sowie zum Aufbewahren der Glut verwendet.

Wissenswertes

Der Zunderschwamm hat in verschiedenen Kulturen eine gewisse symbolische Bedeutung. Aufgrund seiner Fähigkeit, Feuer zu entzünden, wurde er in der Geschichte als wertvolles Werkzeug geschätzt und hatte auch in Legenden und Mythen seinen Platz. Er wurde aber auch verräuchert, um Mücken fernzuhalten oder in Kamtschatka (Russland) hat man seine Asche geschnupft. Indigene Völker sollen ihn gegen übermässige Schweissabsonderung benutzt haben.

Gattung
Porlinge, Baumschwämme

Vorkommen
Laubwald, bevorzugt Rotbuchen

Jahreszeit
Mehrjährig

Sporenpulverfarbe
Weiss

Hut und Fruchtkörper
Ca. 5–40 cm

«Fomes» bedeutet lateinisch «Zündstoff». Also sei vorsichtig, wenn du daneben stehst!

Landkarte
Beim Betrachten solcher Formen erscheint es oft, als ob wir auf eine Landkarte schauen würden.

Gelbe Kartenkrustenflechte

Pleopsidium chlorophanum

Erlebnisreich

Es war einer der heissesten und schönsten Tage im Juli. 35 Grad im Tal und hier oben angenehme 24 Grad. Immer noch sehr warm auf dieser Höhe, aber nicht unerträglich. Der Himmel war klar und blau. Ich und ein paar Freunde genossen die Aussicht auf die Granitlandschaft und das glitzernde Wasser des Totensees. Dort entdeckten wir auch diese Flechte, die entsprechend ihrem Namen wie eine Landkarte aussieht.

Fundort

Die Gelbe Kartenkrustenflechte ist eine Art von Krustenflechte, die auf licht- und nährstoffreichen Gesteinen in hochalpinen Gebirgslagen wächst, hier weitverbreitet auf Granit. Das Grimsel-Massiv ist ein faszinierendes Gebiet mit all seinen Granitformationen. Wenn du hier heraufkommst, befindest du dich in einer anderen Welt. Die Landschaft ist rau und wild, aber auch voller Schönheit und Geheimnissen.

Wissenswertes

Die Flechte wächst sehr langsam. Es ist möglich, dass sie ein Alter von über 1000 Jahren erreicht, und daher kann sie effektiv zur Datierung des Rückgangs von Gletschern genutzt werden. Wenn die Wachstumsrate an einem bestimmten Standort bekannt ist, ermöglicht die Fläche der grössten Exemplare die Berechnung des Zeitpunkts der letzten Eisbedeckung.

Gattung
Flechten

Vorkommen
Auf licht- und nährstoffreichem Gestein wie Felsen, Granit und Silikatgestein in hochalpinen Gebirgslagen

Jahreszeit
Ganzjährig

Sporenpulverfarbe
Weiss

Hut und Fruchtkörper
Ca. 1–3 cm, flächig bis 15 cm

Massive und unerschütterliche Schönheit.

Lebensweise

Wie viele Pilze in der Gattung Cortinarius ist der Violette Schleierling dafür bekannt, während seines Wachstums einen seidenartigen Schleier, das Velum zu bilden. Dieser Schleier ist zwischen Hutrand und Stiel zu finden. Bei voll entwickelten Fruchtkörpern ist es ein spinnwebartiges Velum.

Aussehen

Man staunt nicht schlecht, wenn man durch den Wald geht und plötzlich vor diesem leuchtenden Pilz, dem Violetten Schleierling steht. Mit seiner wunderschönen Erscheinung zieht er sofort die Aufmerksamkeit auf sich. Einmal mehr wird deutlich, wie lohnenswert es ist, die Natur, insbesondere die Welt der Pilze, genauer zu betrachten. Der Pilz hat einen faszinierenden Hut in leuchtendem Violett oder Lila, der manchmal in bräunliche oder grauviolette Töne übergeht, vor allem wenn er älter wird. Seine glänzende Oberfläche macht ihn zu einem wahren Naturwunder.

Unauffällig in der Landschaft und dennoch bemerkenswert auffällig.

Gattung
Dickfüsse

Vorkommen
Mischwald, meist Laubwald

Jahreszeit
Sommer bis Spätherbst

Sporenpulverfarbe
Rostbraun

Hut und Fruchtkörper
Ca. 3–12 cm

Wollknäuel
Als hätte man Wolle violett eingefärbt.

Violetter Schleierling

Cortinarius violaceus

Standfest
Ich stehe standhaft da, knorrig und erfahren und lasse mich nicht so leicht erschüttern.

Schönfussröhrling

Caloboletus calopus

Erlebnisreich
Dieser auffällige Pilz ist unübersehbar. Ich habe Exemplare mit einem erstaunlichen Hutdurchmesser von 30 Zentimeter entdeckt. Von Weitem könnte man meinen, es sei ein Steinpilz, jedoch erkennt man bei genauerer Betrachtung, dass die Hut- und Stielfarbe nicht übereinstimmt. Ein geschultes Auge erkennt diese Unterscheidung auf Anhieb.

Namensgebung
Ein markantes und namensgebendes Merkmal des Schönfussröhrlings ist sein Stiel. Dieser weist normalerweise eine orangegelbe Färbung auf und ist häufig mit auffälligen, rotbraunen bis dunkelbraunen Netzzeichnungen versehen. Im Alter wird der Stiel gegen unten rötlicher. Besonders schön anzusehen ist es, wenn eine ganze Gruppe von Schönfussröhrlingen beieinander steht.

Wissenswertes
Wenn man den Schönfussröhrling aufschneidet, tritt eine bemerkenswerte Reaktion auf: Er verfärbt sich blau, was auf eine chemische Veränderung innerhalb seiner Struktur hinweist. Diese markante Verfärbung ist ein charakteristisches Merkmal dieses Pilzes.

Gattung
Röhrlinge, Dickröhrlinge

Vorkommen
Mischwald, gerne Nadelwald, saurer, nährstoffarmer Boden

Jahreszeit
Frühling bis Spätherbst

Sporenpulverfarbe
Olivbraun, ockeroliv

Hut und Fruchtkörper
Ca. 4–18 cm

Erlebnisreich

Es ist wirklich ein wunderbarer Anblick, wenn diese auffälligen Pilze in grösseren Gruppen zusammenstehen. Bevor ich sie pflücke, nehme ich mir immer einige Augenblicke Zeit, um die Pfifferlinge ausgiebig von allen Seiten zu bestaunen. Es ist fast so, als ob sie in der Natur ihren eigenen kleinen Schatz bilden. Ich schaue mich auch immer ein wenig um, denn oft entdecke ich in der Nähe weitere Gruppen dieser zauberhaften Pilze. Es ist ein echtes Glück, solche Schätze in der Natur zu finden, und ich geniesse jeden Moment des Beobachtens und Sammelns. Interessanterweise habe ich sie sogar noch am 23. Dezember auf einer Höhe von 650 Meter gefunden.

Duft und Geschmack

Pfifferlinge haben einen hohen kulinarischen Wert und werden oft als Delikatesse betrachtet. In einigen Regionen sind sie auch ein wichtiger Bestandteil der lokalen Küche und gehören in viele traditionelle Gerichte. Sie haben einen einzigartigen, würzigen und leicht süsslichen Geschmack.
Nach dem Pilzgenuss kann man zwar weit sehen (viele Vitamine und Mineralien), aber nicht weit laufen (wenig Kohlenhydrate, Fette und Eiweiss). Dennoch zählen sie nicht zu den ungesündesten Optionen.

Oft schön versteckt im Moos.

Gattung
Leistlinge

Vorkommen
Mischwald

Jahreszeit
Frühling bis Spätherbst, regional sehr häufig

Sporenpulverfarbe
Hellgelb

Hut und Fruchtkörper
Ca. 2–8 cm

Schlanke Linie
Pfifferlinge sind schmackhaft, kalorienarm, fettarm und nährstoffreich. Gerade richtig für die schlanke Linie.

Echter Pfifferling

Cantharellus cibarius

Erlebnisreich

Es ist ungewöhnlich, einen Pilz wie diesen zu entdecken. Es war das erste Mal, dass ich so etwas gesehen habe. Sie wachsen in charakteristischen Formationen, den sogenannten Hexenringen und fallen dadurch besonders ins Auge.

Schützenswert

Stachelinge sind eine seltene Erscheinung und in einigen Regionen sogar schützenswert. Sie sind von den Auswirkungen der Forstwirtschaft betroffen, die gelegentlich ganze Flächen abholzt. Aufgrund dieser Gefährdung wurden sie in die Rote Liste der gefährdeten Arten der Schweiz aufgenommen.

Gattung
Korkstacheling

Vorkommen
Mischwald, meist Nadelwald, gerne Fichten

Jahreszeit
Sommer bis Herbst

Sporenpulverfarbe
Weiss

Hut und Fruchtkörper
Ca. 4–9 cm

Eierspeise
Frühstücksspass mit einem Spiegelei, das selbst die stärksten Zähne herausfordert.

Wohlriechender Korkstacheling

Hydnellum suaveolens

Fette Henne
Auch so nennt man mich,
wohl wegen meines Aussehens.

Krause Glucke

Sparassis crispa

Lebensweise

Die Krause Glucke wächst an den Wurzeln von Nadelbäumen und verleiht dadurch dem Waldboden ein besonderes Aussehen. Es ist besonders schön, diese Pilzart in ihrem natürlichen Habitat zu beobachten, wie es auf dem beigefügten Bild anschaulich dargestellt ist.

Aussehen

Das Erscheinungsbild der Krausen Glucke erinnert an einen Badeschwamm. Jedoch ist Vorsicht geboten, da dieser «Schwamm» äusserst zerbrechlich ist. Trotz seiner empfindlichen Natur wird die Krause Glucke in der Küche hochgeschätzt. Durch ihr Aussehen könnte sie auch als eine fragilere «Landkoralle» durchgehen. Mit ihrer beeindruckenden Grösse von bis zu 50 Zentimeter ist dieser imposante Pilz gut sichtbar und setzt sich eindrucksvoll von seiner Umgebung ab.

Reinigung

Es ist wichtig, sich bewusst zu sein, dass das Reinigen mit einem grösseren Aufwand verbunden ist. Mit einem Pinsel müssen die individuellen Strukturen sorgfältig betrachtet und gereinigt werden. Trotz des zusätzlichen Aufwands ist die investierte Mühe lohnenswert, denn man wird mit einem nussig-milden Geschmack entschädigt.

Gattung
Glucken

Vorkommen
Wurzelgeflecht von Kiefern

Jahreszeit
Sommer bis Spätherbst

Sporenpulverfarbe
Farblos weiss

Hut und Fruchtkörper
Ca. 6–50 cm

Schon von weitem gut sichtbar.

Der König der Waldpilze
Faszination und Kulinarik im Einklang der Sinne.

Fichtensteinpilz

Boletus edulis

Erlebnisreich

Für manche lösen Steinpilze einen regelrechten Adrenalinschub aus, besonders wenn man sie selbst findet. Mir geht es da nicht anders. Sobald ich einem solch prächtigen Exemplar gegenüberstehe, halte ich inne und geniesse einfach den wunderbaren Anblick. Wenn er dann auch noch fest und frisch ist, ist das Glück perfekt. In manchen Jahren sind Steinpilze eine seltene Spezies. Umso erfreulicher ist es, wenn man nicht nur einen findet.

Wissenswertes

An einigen Orten werden sie auch als Herrenpilze bezeichnet, vermutlich weil sie früher ausschliesslich der Oberschicht vorbehalten waren, während Bauern verpflichtet waren, sie zu suchen und abzugeben. Glücklicherweise haben wir heute Fortschritte gemacht: Erstens ist es erlaubt, selbst nach ihnen zu suchen (unter Beachtung der Pflückmenge) und zweitens kann man diese erstklassigen Pilze nun auch selbst geniessen.

Gattung
Röhrlinge, Dickröhrlinge

Vorkommen
Mischwald, bevorzugt Fichten, Tannen, Kiefern, aber auch Eichen, Linden, Kastanien, Buchen, Birken und andere Laubbäume

Jahreszeit
Frühsommer bis Spätherbst

Sporenpulverfarbe
Olivbraun

Hut und Fruchtkörper
Ca. 4–20 cm

Namensgebung

Es ist erstaunlich, welche Vielfalt an Pilzen existiert. Diese Pilzart, die den bezaubernden Namen «Goldgelbe Koralle» trägt, entführt uns in eine faszinierende Welt der Naturkunst. Ihre verzweigte Struktur erinnert an die Anmut einer Koralle im Ozean, jedoch offenbart sie sich auf dem Waldboden in einer einzigartigen, filigranen Pracht. Die Stängel und Zweige dieses Pilzes sind kunstvoll miteinander verwoben, um ein komplexes und oft beeindruckend grosses Gebilde zu formen. Aufgrund ihres Aussehens werden sie auch Ziegenbärte genannt. Unabhängig ihres Namens sind diese leuchtenden und äusserst markanten Pilze schon von Weitem gut sichtbar.

Oft gut getarnt und doch von Weitem sichtbar.

Gattung
Korallen

Vorkommen
Gebirgs-, Misch- und Laubwald unter Buchen, Nadelwald unter Fichten, oft in höheren Lagen

Jahreszeit
Frühsommer bis Herbst

Sporenpulverfarbe
Gelbockerlich

Hut und Fruchtkörper
Ca. 1–20 cm

Faszinierende Naturkunst
Nicht nur Korallen im Meer vermögen uns in Staunen zu versetzen.

Goldgelbe Koralle

Ramaria aurea

Aussehen
Die Flocken auf dem Pilzhut bestehen aus den Überresten einer Hülle, die in jungen Jahren den gesamten Pilz umschliesst. Diese Wachstumsphasen sind im kleinen Bild deutlich sichtbar. Im Verlauf des Wachstums reisst diese Hülle auf und hinterlässt eine schuppige Beschichtung auf der Oberfläche des Hutes. Es entsteht das für uns typische Fliegenpilz-Aussehen. Nach starkem Regen können diese Flocken abgewaschen werden, was auf dem grossen Foto gut sichtbar ist.

Namensgebung
Früher legte man kleine Stücke von Fliegenpilzen in Milch eingelegt auf Fensterbretter. Man glaubte, dass Fliegen, die davon essen, sterben würden. Tatsächlich töten Fliegenpilze die Fliegen nicht, sondern betäuben diese nur. Bei Eintagsfliegen mag dies effektiv sein, aber andere Fliegen flogen danach einfach wieder davon und hatten einen schönen Nachmittag.

Wissenswertes
Hast du ihn erkannt? Laut den Resultaten einer europaweiten Umfrage ist der Fliegenpilz der bekannteste Pilz. Mehr als 95 Prozent der Befragten konnten ihn anhand eines Fotos korrekt identifizieren.

Andere Name: Fliegentod, Narrenschwamm, Pünktchenpilz, Krötenstuhl.

Gattung
Wulstlinge

Vorkommen
Mischwald

Jahreszeit
Frühling bis Spätherbst

Sporenpulverfarbe
Weiss

Hut und Fruchtkörper
Ca. 3–18 cm

Der Hutmacher
Wenn Pilze ihre roten Partyhüte aufsetzen!

Fliegenpilz

Amanita muscaria

Pinicola
Was klingt wie ein sommerlicher Cocktail, ist in Wirklichkeit der wissenschaftliche Name des Rotrandigen Baumschwamms.

Rotrandiger Baumschwamm

Fomitopsis pinicola

Lebensweise

Was für den Baum Zerfall bedeutet, heisst für andere Leben. Denn der Rotrandige Baumschwamm wirkt als Lebensraum für eine vielfältige Mischung von Insekten und stellt ihnen einen reich gedeckten Tisch mit hochwertiger Nahrung bereit. Er filtert die im Totholz vorhandenen Nährstoffe heraus und macht sie für Insekten leichter zugänglich. Zwei der Insektenarten, die sich von diesem reichhaltigen Menü ernähren, sind der Gelbbindige Schwarzkäfer und der Kurzflügler.

Aussehen

Dieser Porling zeichnet sich durch eine markante Wachstumszone aus, die im Laufe der Zeit von einem hellen Bereich über Orangegelb, Rot und Grau bis hin zu Schwarz wechselt sowie eine krustige Textur entwickelt.

Wissenswertes

Zur Wachstumszeit kannst du das faszinierende Phänomen der Guttationstropfen am ehesten am Rotrandigen Baumschwamm erleben. Im Buch auf Seite 174 findest du die Beschreibung des Prozesses.

Gattung
Porlinge, Baumschwämme

Vorkommen
Nadel- und Laubwälder, eher Fichten, Buchen, Birken, weniger Kiefern, Lärchen, Tannen

Jahreszeit
Einjährig

Sporenpulverfarbe
Weiss

Hut und Fruchtkörper
Ca. 5–30 cm

Deutlich von Weitem erkennbar, als wollte er sagen: «Das ist mein Platz.»

Laubwälder spielen eine entscheidende Rolle bei der Erhaltung der Biodiversität, der Regulierung des Wasserkreislaufs und des Klimas. Sie dienen nicht nur als Rückzugsort für Erholungssuchende, sondern besitzen auch grosse kulturelle, wirtschaftliche und ökologische Bedeutung. Einige Laubbäume lassen im Herbst während des ersten Frosts oder in trockenen Perioden ihre Blätter fallen. Dieses Phänomen wird als «Laubfall» bezeichnet. Der Laubfall trägt dazu bei, die Wahrscheinlichkeit zu reduzieren, dass der Baum während winterlicher Frostperioden austrocknet.

Laubwald

Lichterglanz
Ich stehe hier, von diesem zauberhaften Licht umgeben, als lebendiges Wunder der Natur.

Elfenbeinschneckling

Hygrophorus eburneus

Erlebnisreich

An einem trüben Augusttag war ich wieder einmal mit meiner Fotoausrüstung unterwegs. Am Rand des Waldes entdeckte ich diesen Elfenbeinschneckling, der so auffällig strahlte, dass ich eine besonders beeindruckende Aufnahme machen konnte. Dies zeigt, es braucht nicht immer schönes Wetter, um solche Naturschätze ins rechte Licht zu rücken.

Aussehen

Die edle Erscheinung dieses Pilzes erinnert an die kostbaren Stosszähne der Elefanten. Wir bewundern sie für ihre Schönheit sowie Vielfalt und vergessen dabei, dass sie in der Natur eine wichtige Rolle spielen. Daher sollten wir die Pilze achten und respektieren, anstatt sie zu zertreten oder im Übermass zu pflücken, denn sie erfüllen wertvolle Funktionen in den Ökosystemen.

Gattung
Schnecklinge, Wachsblättler

Vorkommen
Laubwald, Buchen, feuchte, kalkreiche und lehmige Böden

Jahreszeit
Herbst bis Spätherbst

Sporenpulverfarbe
Weiss

Hut und Fruchtkörper
Ca. 2–12 cm

Überlebenskünstler
Ich gedeihe an Orten, an denen Pflanzen kaum eine Überlebenschance haben.

Steinflechte
Protoparmeliopsis muralis

Erlebnisreich

Während der Installation einer PV-Anlage auf dem Dach unseres Nachbarn hat man mich auf die Anwesenheit dieser Flechten aufmerksam gemacht. Vor der Montage der Paneele hatte ich die Gelegenheit, diese Fotos aufzunehmen.

Fundort

Im Laufe der Jahre bilden sich Steinflechten vermehrt auf Dächern, insbesondere an Stellen, an denen die Dachziegel regelmässig Feuchtigkeit ausgesetzt sind und nur langsam trocknen. Dies tritt besonders an der Nordseite von Gebäuden auf oder wenn das Dach von einem hohen Baum beschattet wird.

Lebensweise

Steinflechten wachsen im Allgemeinen sehr langsam. Einige Arten können nur wenige Millimeter pro Jahr zulegen. Dies macht sie zu langfristigen Bewohnerinnen auf ihren Substraten. Sie sind in der Lage, winzige Risse in den Oberflächen zu besiedeln, was ihnen hilft, sich festzuhalten – sie brauchen keine Absturzsicherung. Ausserdem sind Flechten beeindruckende Überlebenskünstlerinnen, die Feuchtigkeit aus der Luft extrahieren und dadurch sowohl in kalten als auch in heissen Umgebungen überlebensfähig sind. An Standorten, an denen andere Pflanzen kaum Überlebenschancen hätten, florieren sie. Ihre Widerstandsfähigkeit trägt erheblich zur Biodiversität bei.

Gattung
Flechten

Vorkommen
Asphalt, Kalkgestein, Granit, Waschbeton, Silikatgestein, Kalkstein, Waschbeton, Ziegel

Jahreszeit
Ganzjährig

Sporenpulverfarbe
Weisslich

Hut und Fruchtkörper
Ca. 1–10 cm

Ich benötige keine Absturzsicherung.

Aussehen

Der graue Wulstling mag nicht so auffällig sein wie manche seiner Verwandten, doch genau darin liegt eine wichtige Lektion: Wahre Qualität und Werte offenbaren sich oft in Bescheidenheit. Besonders schön ist der ausgeprägte, beriefte Ring an seinem Stiel – ein charakteristisches Merkmal, das ihn deutlich vom Pantherpilz unterscheidet.

Gattung
Wulstlinge, Wulstlingsverwandte

Vorkommen
Bevorzugt saure Mischwälder, gerne Fichten, bei Fichtensteinpilzen

Jahreszeit
Frühsommer bis Spätherbst

Sporenpulverfarbe
Weiss

Hut und Fruchtkörper
Ca. 3–12 cm

Wald-Laufsteg
Wenn Pilze den grauen Anzug tragen:
Denn Grau muss nicht immer langweilig sein.

Grauer Wulstling

Amanita excelsa

Aussehen

Semmelstoppelpilze, die im Herbst häufig anzutreffen sind, könnten auf den ersten Blick mit blassen Pfifferlingen verwechselt werden. Doch bei genauer Betrachtung offenbart sich ihre unverkennbare Persönlichkeit durch die charakteristischen Stoppeln, die an den Hüten angewachsen sind. Diese kleinen, haarigen Ausstülpungen sind ein eindeutiges Merkmal und unterscheiden die Semmelstoppelpilze deutlich von anderen Pilzarten. Diese Stoppeln verleihen ihren Hüten eine bei Berührung spürbar raue und fast samtige Qualität. Mit seinen weissen Stoppeln unter dem Hut sieht er aus wie der modischste Pilz im Wald: Er trug Stoppeln, bevor es cool war!

Duft und Geschmack

Diese Pilzart eignet sich gut für verschiedene Gerichte, darunter Risottos, Pilzsaucen, Aufläufe und Pasta-Gerichte. In einigen Regionen werden Semmelstoppelpilze auch für Konserven verwendet oder zu eingelegten Pilzen verarbeitet.

Viele kennen ihn wegen der markanten Stoppeln.

Gattung
Stoppelpilze

Vorkommen
Mischwald

Jahreszeit
Frühsommer bis Spätherbst

Sporenpulverfarbe
Weiss

Hut und Fruchtkörper
Ca. 4–20 cm

Pilz mit Stil und Stoppeln
Da wird der Wald zum Laufsteg. Denn sein Erscheinungsbild variiert, ähnlich wie die Mode.

Semmelstoppelpilz

Hydnum rufescens

Erlebnisreich

Bei einem sonnigen Ausflug in eines der malerischsten Täler im Berner Oberland entdeckte ich diese Flechte. Hier, inmitten einer atemberaubenden alpinen Landschaft, gedeihen prächtige Ahornbäume entlang der Hänge. Die Szenerie ist geprägt von der majestätischen Natur, mit hohen Gipfeln, dichten Wäldern, schäumenden Wasserfällen und dem wilden Fluss Reichenbach, der sich malerisch durch das Tal schlängelt.

Achtung

Diese Flechte ist äusserst giftig. Selbst Berührungen können allergische Reaktionen auslösen. Je älter die Flechte ist, desto höher ist ihre Giftkonzentration. Dieses starke Gift wirkt auf das zentrale Nervensystem. Schwere Vergiftungsfälle sind zwar nicht zweifelsfrei nachgewiesen, dennoch ist in jedem Fall Vorsicht geboten.

Namensgebung

Man sagt, dass das Gift früher Ködern beigefügt wurde, um Füchse und Wölfe zu töten, weshalb sie als «Wolfsflechte» bekannt ist. Es existieren jedoch auch andere Erklärungen für diesen Namen: Er spiegelt eine Verbindung zu den wilden und abgelegenen Lebensräumen wider, in denen diese Flechten gedeihen.

Das Leben auf alten knorrigen Bäumen gefällt mir.

Gattung
Flechten, Strauchflechten, Astflechten, Bartflechten

Vorkommen
Borke von Ahorn, Arve, Lärche

Jahreszeit
Ganzjährig

Sporenpulverfarbe
Hellgraubraun

Hut und Fruchtkörper
Ca. 5–50 cm

Schmuck in der Natur
Hey, ich hänge auf den Bäumen rum! Ich bin sozusagen der lebende Schmuck der Baumwelt.

Wolfsflechte

Letharia vulpina

Kunstvolles Gebilde
Als hätte jemand Blätter kunstvoll drapiert.

Echte Lungenflechte

Lobaria pulmonaria

Fundort

Die Lungenflechte gedeiht nur in einer Umgebung mit sauberer Luft und benötigt Bäume, auf denen sie wachsen kann.

Namensgebung

Die Echte Lungenflechte ist eine Art von Blattflechte, die aufgrund ihrer lungenähnlichen, tief eingebuchteten Blätter benannt ist. Diese Blätter sind handgross und weisen adernähnliche Strukturen auf. Sie wird immer noch in der Naturheilkunde zur Behandlung von Atemwegserkrankungen, insbesondere bei Husten, verwendet. Früher waren auch die Bezeichnungen «Lungenkraut» oder «Lungenmoos» für die Lungenflechte gebräuchlich.

Wissenswertes

Über 500 Moos- und Flechtenarten hat ein Botaniker des Forschungsinstituts für Wald, Schnee und Landschaft (WSL) auf Weiden mit Bergahornbäumen im Alpenraum gefunden. Rund jede zehnte dieser Arten steht auf der Roten Liste.

Gattung
Flechten, Blattflechten

Vorkommen
Rinde von Laubbäumen wie Pappel, Ahorn, Buche, Eiche

Jahreszeit
Ganzjährig

Sporenpulverfarbe
Gelblich

Hut und Fruchtkörper
Ca. 1–6 cm, flächig > 30 cm

Grosse Vielfalt an Flechten, die für ihren Erhalt geschützt werden müssen.

Namensgebung

Der Körnchenröhrling wird auch als Schmierling oder manchmal etwas abfällig als Rotzling bezeichnet. Die auffällig schmierige Oberfläche seines Hutes macht diesen Spitznamen verständlich. Ist es daher verwunderlich, dass gerade Schnecken eine besondere Vorliebe für ihn haben? Zu den bekanntesten Vertretern der Schmierlinge zählen der Butterpilz, der Ringlose Butterpilz und der Goldröhrling.

Gattung
Röhrlinge, Schmierröhrlinge

Vorkommen
Kiefern, kalkhaltige oder saure Böden

Jahreszeit
Sommer bis Herbst

Sporenpulverfarbe
Braun bis ockerbraun

Hut und Fruchtkörper
Ca. 4–12 cm

Schneckenbankett
Dass muss wohl sehr köstlich sein. Wie viele Schnecken zählst du?

Körnchenröhrling

Suillus granulatus

Zerbrechliche Schönheit
Beim Berühren kann ich schon mal einen Stielbruch erleiden.

Halsbandschwindling

Marasmius rotula

Aussehen
Der Halsbandschwindling ist so winzig, dass man ihn leicht übersehen kann. Findest du ihn im kleinen Bild? Sein Hut misst lediglich zwischen 0,5 und 1,5 Zentimeter im Durchmesser, wodurch er zweifellos zu den Winzlingen dieser Art zählt. Beinahe hätte ich ihn zertreten. Selbst der Stiel ist sehr zart, weswegen man sich kaum traut, ihn zu berühren. Um überhaupt ein vernünftiges Foto aufzunehmen, musste die Kamera auf Bodenhöhe positioniert werden. Doch wenn man ihn nun in seiner vollen Pracht sieht, wird man für seine Mühen belohnt.

Fundort
Es wird behauptet, dass es sich um einen typischen Wegrandpilz handelt.

Namensgebung
Diese bezaubernden Pilze könnten aufgrund ihrer zahlreichen tiefen Furchen als Mini-Fallschirme beschrieben werden. Sie tragen den Namen Halsbandschwindling aufgrund ihrer schmalen, leicht voneinander entfernten Lamellen, die sich, ohne den Stiel zu erreichen, miteinander verbinden.

Gattung
Schwindlinge, Zwergschwindlinge

Vorkommen
Wächst auf dünnen, auf dem Boden liegenden Ästen von Laubholz, Brombeeren

Jahreszeit
Frühsommer bis Herbst

Sporenpulverfarbe
Weiss

Hut und Fruchtkörper
Ca. 0,5–1,5 cm

Unauffällig oft an Wegrändern zu finden – achte das nächste Mal darauf.

Senior
Auch im Alter kann man noch schön sein.

Gelbgefleckter Purpurtäubling

Russula pantherina

Wissenswert

Die Täublinge gehören zu den artenreichsten Pilzgattungen mit schätzungsweise 750 Arten. Es handelt sich zumindest bei den europäischen Vertretern dieser weltweit verbreiteten Gattung ausschliesslich um Mykorrhiza-Pilze, die für die Gesundheit unserer Wälder von entscheidender Bedeutung sind.

Aussehen

Dieser Pilz ist schon etwas in die Tage gekommen, trotzdem sind die gelben Flecken auf seiner Hutoberseite keine Alterserscheinung, sondern typisch für den Gelbgefleckten Purpurtäubling.

Gattung
Täublinge

Vorkommen
Parks, Laubwald wie Eichen, Buchen, Hainbuchen

Jahreszeit
Frühsommer bis Herbst

Sporenpulverfarbe
Weiss

Hut und Fruchtkörper
Ca. 3–11 cm

Nadelwald

Im Vergleich zu Laubwaldböden ist der Nadelwaldboden häufig saurer, und die Humusschicht, die aus Nadelstreu besteht, ist dicker. Aufgrund der ganzjährigen Nadeln an den Bäumen wird der Lichteinfall begrenzt, was dazu führt, dass nur wenige Pflanzen in lückenhafter Verteilung am Boden wachsen. Hier gedeihen zahlreiche Pilzarten, die auf die sauren Böden angewiesen sind.

Erlebnisreich

Dieses Souvenir nahm ich nicht aus meinem Urlaub mit nach Hause, dennoch war ich erfreut, es auf meiner Entdeckungsreise gefunden zu haben. Es stand genau vor einer majestätischen Fichte, wie im kleinen Bild zu sehen ist. Manchmal sind es solche Funde, die meine Streifzüge durch die Wälder und Landschaften zu einem unvergesslichen Erlebnis machen.

Achtung

Es wird darauf hingewiesen, dass der Gelbe Knollenblätterpilz in der Literatur nicht als derart giftig eingestuft wird wie der tödliche Grüne Knollenblätterpilz. Dennoch sollte man von allen Knollenblätterpilzen strikt Abstand halten. Daher wird dringend davon abgeraten, Knollenblätterpilze zu sammeln oder zu konsumieren.

Wissenswertes

Früher starben Menschen aus Unwissenheit durch den Verzehr von Knollenblätterpilzen. Als Ergebnis dieser Vorfälle begannen einige medizinisch interessierte Personen wie auch Ärzte das Phänomen der Pilzvergiftung zu untersuchen. Sie sammelten Informationen über die Symptome und fingen an, die giftigen Eigenschaften des Knollenblätterpilzes zu erforschen.

Hier gilt: Geniesse mit den Augen!

Gattung
Wulstlinge, Wulstlings-Verwandte

Vorkommen
Nadel- und Mischwald, bevorzugt Kiefern, Fichten, Laubbäume

Jahreszeit
Mai bis Frostbeginn

Sporenpulverfarbe
Weiss

Hut und Fruchtkörper
Ca. 3–12 cm

Unbedingt meiden! Knollenblätterpilze sollten nie gepflückt werden.

Gelber Knollenblätterpilz

Amanita citrina

Haute Couture
Stilsicher mit Hut unterwegs, wie beim Pferderennen in Ascot.

Rötlicher Holzritterling

Tricholomopsis rutilans

Fundort

Der Rötliche Holzritterling ist im deutschsprachigen Raum in Nadel- sowie Mischwäldern weit verbreitet und dementsprechend häufig anzutreffen. Diese Pilzart erscheint bereits im Sommer, bleibt aber bis in den späten Herbst hinein präsent. Schau dich in der Natur um, vielleicht begegnest du ihm während deiner Entdeckungstouren.

Aussehen

Sicherlich eine der schönsten und spektakulärsten Pilzarten unserer Wälder. Ein Blick auf junge und alte Fruchtkörper nebeneinander lässt kaum vermuten, dass es sich um ein und dieselbe Art handelt. Die jungen Pilze präsentieren sich in einem tiefen Weinrot, mitunter beinahe schwarz-rot, bedingt durch die geschlossene Hut- und Stielbekleidung. Im Verlauf des Wachstums dehnt sich diese äussere Schicht aus, reisst vielfach auf und gibt dabei das leuchtend gelbe Fleisch frei.

Gattung
Ritterlingsverwandte, Holzritterlinge

Vorkommen
Totholz, Nadelholz

Jahreszeit
Frühsommer bis Spätherbst

Sporenpulverfarbe
Weiss

Hut und Fruchtkörper
Ca. 3–12 cm

Ob Pilze diese Aussicht auch geniessen?

Fundort

Berichten zufolge ist es an einigen Orten schwierig, diesen Pilz zu finden. Hier, im Berner Oberland hingegen ist der Habichtspilz häufig anzutreffen, besonders in höheren Lagen, wo er prächtig gedeiht.

Aussehen

Er ist unverwechselbar mit seinen markanten Schuppen, die an das Gefieder eines Habichts erinnern. Auch die Unterseite des Hutes mit ihren Stoppeln ist äusserst auffällig.

Duft und Geschmack

Der Habichtspilz eignet sich wunderbar zum Würzen von Gerichten, denn beim Kosten wird sofort die würzige Note wahrgenommen, ähnlich wie bei Maggi, weshalb er auch als Maggipilz bekannt ist. Einfach junge Pilze in Scheiben schneiden, trocknen und mahlen beziehungsweise pulverisieren. So ergibt sich dann ein hervorragendes Würzpulver, das sich sehr gut in der Küche einsetzen lässt. Nimm nicht zu viel, denn es ist sehr intensiv.

Gattung
Fleischstacheling, Braunsporstacheling

Vorkommen
Parks, Gärten, bevorzugt Nadelwald

Jahreszeit
Sommer bis Spätherbst

Sporenpulverfarbe
Dunkelbraun

Hut und Fruchtkörper
Ca. 6–15 cm

Raubvogel des Waldes
Trotz meines Namens kann ich nicht davonfliegen.

Habichtspilz

Sarcodon imbricatus

Erlebnisreich

Zu den seltsamsten Pilzen, die unsere Erde hervorbringt, gehören wohl die Erdsterne. Das Entdecken eines Erdsterns war für mich ein aufregendes Erlebnis. Das Exemplar, das ich gefunden habe, ist noch recht jung, weshalb der Stern noch nicht vollständig ausgeprägt ist. Sie sind aber gar nicht so selten.

Fundort

Diejenigen, die Sterne bewundern wollen, blicken an klaren Nächten zum Himmel. Doch Pilzfreunde wissen, dass es auch auf dem Boden von Wäldern und mageren Wiesen faszinierende Sterne zu entdecken gibt. Hans-Guck-in-die-Luft wird diese jedoch nie erblicken. Diese Bodensterne haben bescheidene Ansprüche und gedeihen, solange eine dünne Schicht Laub- oder Fichtennadelhumus vorhanden ist.

Lebensweise

Erdsterne entwickeln sich zunächst im Verborgenen unter der Erde. Bestehend aus einer Sporenkapsel (Endoperidie) und einer umgebenden äusseren Hülle (Exoperidie). Letztere platzt bei reifen Sporen sternförmig auf und krümmt sich nach aussen. Dies kennzeichnet den Start der Pilzentfaltung, bei der sich der Erdstern in voller Pracht entfaltet.

Ein Stern im Wald der kaum beachtet wird.

Gattung
Erdsterne

Vorkommen
Mischwald

Jahreszeit
Herbst bis Spätherbst

Sporenpulverfarbe
Hellbraun

Hut und Fruchtkörper
Ca. 2–7 cm

Untergrund-Rockstar
Aus dem Verborgenen zu einem schönen Stern im Wald.

Gewimperter Erdstern

Geastrum fimbriatum

Weisse Punkte
Sie wirken besonders auffällig und elegant in grünen Wiesen.

Mehlräsling

Clitopilus prunulus

Fundort

Mehlräslinge sind häufiger am Waldrand, auf Waldwegen und in Lichtungen zu finden als direkt im dichten Wald. Wenn du sie entdeckst, halte Ausschau, denn in ihrer Nähe könnten auch Steinpilze sein. Wenn dann noch Fliegenpilze und Pfefferröhrlinge dabeistehen, ist das schon fast eine Garantie, dass in unmittelbarem Bereich irgendwann auch Steinpilze wachsen. Diese Methode hat sich bei mir bereits als erfolgreich erwiesen.

Namensgebung

Der Name «Pflaumenpilz» leitet sich von der lateinischen Artbezeichnung «prunulus» ab, was treffend mit «Pfläumchen» übersetzt werden kann. Diese Bezeichnung spiegelt sich in der zarten Bereifung der Huthaut. Mit der Bereifung sind Pilzzellen gemeint, die senkrecht zur Pilzhut-Oberfläche wachsen und so individuelle Strukturen entstehen lassen.

Duft und Geschmack

Das Fleisch des Mehlräslings verströmt einen äusserst aromatischen Duft nach frischem Mehl, der gelegentlich an den Geruch einer frisch angeschnittenen Gurke erinnert. Der Duft ist besonders intensiv, wenn man die Lamellen verletzt.

Gattung
Räslinge

Vorkommen
Mischwald

Jahreszeit
Frühsommer bis Spätherbst

Sporenpulverfarbe
Rosa, rosabraun

Hut und Fruchtkörper
Ca. 2–15 cm

Siehst du Mehlräslinge, dann können auch Steinpilze in der Nähe sein.

Peperoni
Sie sehen aus wie geschnittene Peperoni, doch ihr Geruch ist äussserst unangenehm.

Tintenfischpilz

Clathrus archeri

Erlebnisreich

Während einer Wanderung stiess eine Bekannte von mir auf diesen ungewöhnlichen Pilz und schaffte es, ihn gekonnt in Szene zu setzen.

Aussehen

Der Tintenfischpilz ist eine auffällige und gut erkennbare Art. Zu Beginn sind die Fruchtkörper in einem weissen bis blassbraunen «Hexenei» eingeschlossen, das etwa 3 bis 5 Zentimeter breit ist und zunächst unterirdisch wächst. Nachdem das Hexenei geöffnet wurde, zeigen sich 4 bis 6 lebhaft rote «Arme» an einem kurzen Stiel. Diese trennen sich rasch voneinander und entfalten sich in einer sternförmigen Anordnung. Die netzartig angeordnete, olivschwarze Schleimmasse enthält die Sporen und verströmt einen aasartigen Geruch.

Wissenswertes

Es wird vermutet, dass der Tintenfischpilz mit Schafwolle aus Australien oder Neuseeland eingeschleppt wurde. Die Sporen des Pilzes wurden durch Fliegen verbreitet, die sich auf der Schafwolle befanden. Auf diese Weise gelangte der Pilzsamen über den indischen Ozean zu uns. Die ersten dokumentierten Funde datieren auf das Jahr 1913 (Deutschland).

Gattung
Gitterling, Tintenfischpilz

Vorkommen
Laub- und Nadelwälder, Wiesen, Weiden

Jahreszeit
Frühsommer bis Spätherbst

Sporenpulverfarbe
Olivbraun

Hut und Fruchtkörper
Ca. 3–18 cm

Ein Tintenfisch, mitten in der Wiese – eine exotische Szenerie.

Aussehen

Der junge Lila Dickfuss präsentiert sich in seiner Jugend in einer äusserst ansprechenden Schönheit. Im Laufe der Zeit ändert er jedoch seine Farbe von der Mitte aus und nimmt eine kahle, zimtfarbene oder rotbraune Erscheinung an. Oft wird er brüchig und zeigt tiefe Risse.

Namensgebung

Seinem dicken Stiel sowie seiner äusseren lila Farbe verdankt der Lila Dickfuss seinen Namen. Wegen seines safrangelblichen Fleisches, das unangenehm süsslich-karbidartig riecht, wird er auch Safranfleischiger Dickfuss genannt.

Verwechslungsgefahr

Der äusserlich sehr ähnliche Bocksdickfuss (Cortinarius camphoratus) findet sich oft an denselben Standorten. Doch im Gegensatz zum Lila Dickfuss haben junge Exemplare blauviolette Lamellen, die sich erst im Alter in ein zimtgelbes Farbspektrum verwandeln. Sein penetranter, unangenehmer Geruch nach Bocksmist oder Fäule ermöglicht eine deutliche Unterscheidung vom Lila Dickfuss.

Gattung
Dickfüsse

Vorkommen
Mischwald, gerne bei Fichten

Jahreszeit
Sommer bis Spätherbst

Sporenpulverfarbe
Rostbraun

Hut und Fruchtkörper
Ca. 3–10 cm

Jugendliche Schönheit
Strahlend, lebendig und voller Versprechen – doch im Laufe der Zeit verändert er behutsam seinen Glanz.

Lila Dickfuss

Cortinarius traganus

Aussehen

Gerade bei trockener Witterung fällt dieser Pilz besonders auf. Mit seiner lebendigen orangenen Färbung ist er schon aus der Ferne gut sichtbar, obwohl er eher klein ist. Um seine Schönheit vollständig zu erfassen, sollte man ihn jedoch aus der Nähe betrachten. Seine verzweigten Äste und gabeligen Enden verleihen ihm das Aussehen einer Koralle, obwohl er definitiv nicht zu dieser Gattung gehört. Korallen zeichnen sich durch ihr brüchiges Fleisch aus, während Hörnlinge flexibel und biegsam sind. Seine leuchtende Farbe verdankt er den natürlichen Farbstoffen der Carotinoide. Carotinoide sind sekundäre Pflanzenstoffe, werden aber auch von Blattläusen und Spinnmilben sowie von verschiedenen Bakterien und Pilzen produziert. Sie geben beispielsweise Kürbissen, Karotten, Tomaten sowie einigen Blättern im Herbst ihre charakteristische Farbe. (Quelle: flexikon.doccheck.com)

Lebensweise

Eine bemerkenswerte Eigenschaft dieses Pilzes ist seine Anpassungsfähigkeit an trockene oder feuchte Umgebungen. In Zeiten der Trockenheit schrumpfen sie auf bis zu einem Viertel ihrer Grösse, nur um bei feuchterem Wetter wieder aufzuleben. Dann sind sie wieder in ihrer vollen Pracht zu sehen.

Ein Pilz, der die Augen erfreut.

Gattung
Hörnlinge

Vorkommen
Vergrabenes, verrottetes Nadelholz, Stümpfe und Wurzeln

Jahreszeit
Frühsommer bis Spätherbst

Sporenpulverfarbe
Hellgelblich, ockergelblich

Hut und Fruchtkörper
Ca. 0,4–0,9 cm,
büschelig bis zu 20 cm

Harmonisch
Dieser Pilz strahlt Frische aus und fügt sich harmonisch in die Landschaft ein.

Klebriger Hörnling

Calocera viscosa

Hört der was?
Nicht jedes Ohr ist ein hörendes Ohr.

Rötlicher Gallerttrichter

Guepinia helvelloides

Fundort

Am Ufer eines kleinen Flusslaufs mit dichtem Baumbestand stiess ich auf den Rötlichen Gallerttrichter. Diese Pilzart bevorzugt feuchte Laub-, Nadel- und Mischwälder auf kalkhaltigem Boden. Gerne wächst er auf vergrabenen Holzresten.

Aussehen

Die orange- bis fleischrötliche Farbe macht ihn bereits aus der Ferne gut sichtbar. Die trichterförmige Gestalt mit den welligen Rändern verleiht ihm zudem eine unverwechselbare Erscheinung.

Namensgebung

Dieser Pilz wird auch Malchusohr genannt. Bei Jesu Festnahme hieb Petrus Malchus das rechte Ohr ab.

Gattung
Gallertpilz

Vorkommen
Mischwald, Waldwege,
Holzlagerstätten, verrottete Stümpfe,
vergrabenes Totholz

Jahreszeit
Sommer bis Herbst

Sporenpulverfarbe
Weiss

Hut und Fruchtkörper
Ca. 2–12 cm

Erlebnisreich

Während meiner Streifzüge durch die malerischen Wiesen und Wälder des Emmentals stiess ich auf diesen langstieligen Pilz. Die friedliche Szenerie der Wiese, die an den Rand des dichten Waldes grenzte, wurde von den gemächlich grasenden Kühen belebt. An diesem sonnigen Tag fiel mir dieser Pilz sofort auf. Sein schmaler Stiel reckte sich aus dem Gras empor, und der Hut schien sich genüsslich der wärmenden Sonne entgegenzustrecken. Die lebendigen Farben und die grazile Erscheinung des Pilzes verliehen ihm beinahe eine charismatische Ausstrahlung. Es war, als würde er inmitten der friedlichen Kulisse mit einem Hauch von Selbstbewusstsein seinen Kopf aus dem Gras erheben und verkünden: «Ich habe alles im Griff.»

Fundort

Düngerlinge gedeihen üblicherweise an Standorten mit Grasbewuchs und Dungablagerungen. Aufgrund der Wahl dieses Lebensraums sind sie in weiten Teilen von Weideflächen anzutreffen, insbesondere in Regionen, in denen Viehzucht betrieben wird. Als Kulturfolger sind sie stets dort anzutreffen, wo auch die Weiden aktiv bewirtschaftet werden.

Ich erzeuge den Dünger, in dem sie sich wohlfühlen.

Gattung
Düngerlinge

Vorkommen
Waldwege, Parks, Weiden, Dung

Jahreszeit
Sommer bis Spätherbst

Sporenpulverfarbe
Schwarz

Hut und Fruchtkörper
Ca. 1–5 cm

Kopf hoch!
So behältst du stets den Überblick, nicht nur in der Natur.

Langstieliger Düngerling

Panaeolus acuminatus

Schmetterlinge
Wie tropische Schmetterlinge sehen sie aus auf dem Baumstamm. Aber sie können nicht davonfliegen.

Kleinsporiger Grünspanbecherling

Chlorociboria aeruginascens

Erlebnisreich

Beim jährlichen Arbeitstag des Pilzvereins Interlaken und Umgebung in Chuelibrunne wurde dieser Baum gefällt. Einem Mitglied des Vereins, das bei der Aktion half, gelang eine beeindruckende Aufnahme. Für mich ist dieses Bild eine Bereicherung dieses Buches.

Wissenswert

Wissenschaftler:innen interessieren sich für den Kleinsporigen Grünspanbecherling nicht nur wegen seiner einzigartigen Farbgebung, sondern auch, um seine Genetik, Biochemie und ökologische Rolle besser zu verstehen. Dieser Pilz dient als Modellorganismus für Studien über Pilzfärbung und -pigmente. Bereits früher wurde dieser Pilz wegen seines grünen Farbstoffs zum Holzfärben verwendet. Das grüne Pigment, bekannt als Xylindein, das der Pilz erzeugt, ist für seine Beständigkeit bekannt und wurde für dekorative oder künstlerische Zwecke wie beispielsweise in der Möbelindustrie für Intarsien genutzt.

Gattung
Becherlinge, Holzbecherlinge

Vorkommen
Vermodertes Laubholz, meist Eichen und Buchen

Jahreszeit
Sommer bis Herbst

Sporenpulverfarbe
Weisslich transparent

Hut und Fruchtkörper
Ca. 0,2–1 cm

Ein aussergewöhnlicher Fund. Gut, dass man ihn festgehalten hat.

Frisch lackiert
Diese drei sehen aus, als wären sie gerade frisch gestrichen worden. Der belebende Glanz lässt sie geradezu erstrahlen.

Berglackpilz

Laccaria montana

Fundort

Beim Durchstreifen der Alpweiden fielen mir am Waldrand drei Pilze sofort auf, die aus einem grünen Teppich aus Gräsern und niedrigen Pflanzen herausragten. Sie recken ihre Köpfe aus dem Moos und den Gräsern, um ihre Schönheit der Welt zu präsentieren – oder zumindest denen, die hier zufällig vorbeikommen. Mir sind sie jedenfalls sofort aufgefallen.

Verwechslungsgefahr

Der Berglackpilz ist kaum vom Roten Lacktrichterling zu unterscheiden und kommt nur in alpinen oder subalpinen Regionen vor, wie hier auf einer Höhe von 1700 Meter. Er wird lediglich als Variante des Roten Lacktrichterlings betrachtet.

Gattung
Lacktrichterlinge

Vorkommen
Mischwald, Gebüsche, feuchte Stellen, in Gruppen, nur in höheren Lagen

Jahreszeit
Sommer

Sporenpulverfarbe
Weiss

Hut und Fruchtkörper
Ca. 1–5 cm

Weisser Kieselstein
Es sind auffallende weisse Knäuel in der Landschaft, die fast jeder kennt.

Wiesenstaubbecher

Vascellum pratense

Aussehen

Stäublinge gibt es in verschiedenen Grössen und Formen. Man sieht sie oft als sehr grosse Exemplare in Weiden. Es gibt sie jedoch auch in kleinen und zarten Ausführungen. Sie wirken wie kleine weisse Steine in der Natur, aber nach kurzer Zeit verfärben sie sich braun. Sie werden von vielen Menschen leicht erkannt. Im Übrigen gehören die Stäublinge zu den Champignonverwandten, die weltweit etwa 50 Arten umfassen.

Lebensweise

Bei Berührung oder Druck von alten Exemplaren entweicht eine deutliche Wolke aus Sporenstaub, die der natürlichen Verbreitung ihrer Sporen dient. Deswegen ist der Pilz gerade bei Kindern sehr beliebt.

Wissenswert

Das bisher grösste bekannte und gut dokumentierte Exemplar eines Riesenbovisten auf europäischem Boden wurde 1955 in Vančury im tschechoslowakischen Nordböhmen entdeckt. Dieser Pilz hatte einen Umfang von 212 Zentimeter, wog 20,8 Kilogramm und war 15 Tage alt. Das imposante Exemplar wurde von den Bewohner:innen zweier Dörfer während eines Volksfestes gegrillt, gebraten und in fröhlicher Runde verzehrt.

Gattung
Stäublinge, Boviste

Vorkommen
Rasenflächen, Wiesen, Viehweiden, alpine Gebiete

Jahreszeit
Frühling bis Spätherbst

Sporenpulverfarbe
Olivbraun

Hut und Fruchtkörper
Ca. 2–7 cm

Im Alter runzlig und staubend, wie am Beispiel eines Birnenstäublings aufgezeigt wird.

Die Herbstzeit auf der Alp Widegg ist mein ganz besonderer Lieblingsmoment. Die Älpler:innen sind mit ihren Kühen ins Tal gezogen, und eine angenehme Ruhe liegt über dem Gebiet. Lediglich der sanfte Wind streicht über mein Gesicht und erzeugt leise Geräusche. Hier zu stehen und die Stille in vollen Zügen zu geniessen ist einfach erhebend

Mein Lieblingsgebiet im Herbst

Aussehen

Anfangs sind sie wie geschlossene Bälle auf der Spitze der bis zu 20 Zentimeter langen Stiele, später breiten sie sich weitgehend vollständig aus. Die Hüte erreichen dabei einen Durchmesser von bis zu 15 Zentimeter.

Verwechslungsgefahr

Der Sparrige Schüppling, der in grossen Büscheln wächst, ist in der Pilzwelt der klassische Doppelgänger des Hallimaschs und wurde sicherlich schon oft irrtümlich für diesen gehalten und sogar verzehrt. Er eignet sich aber kaum für die anspruchsvolle Küche. Ein einfaches Unterscheidungsmerkmal zwischen dem Sparrigen Schüppling und dem Hallimasch ist das Sporenpulver: Beim Hallimasch ist es weiss, während es beim Sparrigen Schüppling braun ist. Wenn die Pilze ausgewachsen sind, lassen sich die abgeworfenen Sporen als weisses oder braunes Pulver auf den Hüten der darunter wachsenden Fruchtkörper erkennen.

Gattung
Schüpplinge

Vorkommen
Laubholz, Obstbäume, aber auch Fichten

Jahreszeit
Spätsommer bis Spätherbst

Sporenpulverfarbe
Rostbraun

Hut und Fruchtkörper
Ca. 1–15 cm

Wir lieben die Nähe
Zusammen sind wir stark und beschützen uns gegenseitig.

Sparriger Schüppling

Pholiota squarrosa

Würdest du den essen?
Er sieht gefährlicher aus, als er ist.

Grünspanträuschling

Stropharia aeruginosa

Aussehen

Sieht er nicht märchenhaft aus? Dieser Pilz ist in jungen Jahren einer der auffälligsten in unserer Gegend. Intensiv spangrüne Farben sind in der Natur eher selten. Die Huthaut ist etwas schleimig und mit weissen Schüppchen besetzt, was ihn besonders macht. Auch die zackigen Flocken am Hutrand und die weissen Schuppen am Stiel sind schön anzusehen. Es ist einer dieser Pilze, die man mit den Augen bewundern und danach stehen lassen sollte. Andere Naturliebhaber:innen werden es dir danken.

Gattung
Träuschlinge

Vorkommen
Mischwald, vergrabenes Holz, Holzstümpfe

Jahreszeit
Sommer bis Spätherbst

Sporenpulverfarbe
Braunlila

Hut und Fruchtkörper
Ca. 3–8 cm

Moore sind bemerkenswerte Ökosysteme mit einer erstaunlichen Vielfalt an Pilzarten. Tatsächlich gibt es in Mooren etwa fünfmal mehr Pilzarten als Blütenpflanzen. Über 20 Grosspilzarten finden ihren Lebensraum ausschliesslich zwischen Torfmoosen, und mehr als 100 Arten wachsen zwischen den Seggen (Sauergrasgewächsen). Inmitten dieser faszinierenden Umgebung habe ich versucht, Libellen zu fotografieren. Ihre flinke Bewegung machte es mir und meiner Kamera jedoch schwer, sie erfolgreich einzufangen.

Moorlandschaft

Erlebnisreich

Während meiner Fahrradtour über die Grosse Scheidegg habe ich einen Zwischenstopp auf der Schwarzwaldalp eingelegt, um mich für die letzten 500 Höhenmeter zu stärken. Dabei ist mir dieser Kuhfladen aufgefallen, und ich war erstaunt über die Lebewesen, die sich dort eingenistet haben.

Lebensweise

Kuhfladen enthalten eine Fülle an organischem Material (vor allem verdautes Pflanzenmaterial), das für Pilze eine ideale Nahrungsquelle darstellt. Tierischer Dung bietet den Pilzen Nährstoffe, Feuchtigkeit und eine geschützte Umgebung, in der sie gedeihen können. Diese Pilze sind Saprobionten, was bedeutet, dass sie sich von abgestorbenem organischem Material ernähren. In diesem Fall von den Überresten der Nahrung, die von Kühen verdaut und ausgeschieden wurden.

Ein einfacher Kuhfladen, der zu einer wunderschönen Pilzansammlung wird.

Gattung
Becherlinge

Vorkommen
Auf Rinderdung

Jahreszeit
Frühling bis Spätherbst

Sporenpulverfarbe
Weiss

Hut und Fruchtkörper
Ca. 0,2–0,4 cm

Körniger Rinderdungbecherling

Cheilymenia granulata

Fundort

Nicht weit vom Weg zur Schwarzwaldalp entfernt habe ich einen Streifzug durch eine zauberhafte Wiese unternommen. Von Weitem leuchtete dieser eher kleine Pilz aus dem Gras hervor. Es ist nicht erstaunlich, dass er hier wächst. Er bevorzugt eher magere, ungedüngte Wiesen. Man könnte sagen, dass er eine Vorliebe für die Natur hat.

Wissenswertes

Der Orange-Ellerling erinnert durch seine Farbgebung und Form etwas an einen Pfifferling. Allerdings ist er eher selten und daher sollte er geschont werden. Das bedeutet unter anderem der Verzicht auf Kunstdünger sowie Baggerarbeiten in seinem Lebensraum.

In einer malerischen Landschaft gedeiht auch dieser prächtige Pilz.

Gattung
Ellerlinge

Vorkommen
Wiesen, Weiden, Waldränder, grasige Stellen, meist in höheren Lagen

Jahreszeit
Herbst bis Spätherbst

Sporenpulverfarbe
Weiss

Hut und Fruchtkörper
Ca. 2–7 cm

Wahrhaft erstaunlich!
Welche geschickten Handwerkende oder talentierte Baumeister:innen sind in der Lage, eine derart bemerkenswerte Konstruktion zu errichten?

Orange-Ellerling

Cuphophyllus pratensis

Veganes Wienerschnitzel
In einer Panade in Öl ausbacken und geniessen.

Parasol

Macrolepiota procera

Duft und Geschmack

Der Parasol erfreut sich unter Pilzsammlern grosser Beliebtheit, da er als exzellenter Speisepilz gilt. Sein Geschmack wird als mild und nussig beschrieben. Es ist jedoch von entscheidender Bedeutung, Parasolpilze in einem jungen Stadium zu ernten, bevor sich der Hut vollständig entfaltet hat. Ältere Exemplare neigen dazu, einen bitteren Geschmack zu entwickeln. Zusätzlich ist es wichtig, sich der Pilzbestimmung sicher zu sein, da es giftige Verwechslungspartner gibt. Es kann auch eine Freude sein, diese imposanten Pilze allein mit den Augen zu geniessen. Ihre eindrucksvolle Grösse ermöglicht es, sie schon von Weitem zu erkennen. Daher können sie nicht nur kulinarisch, sondern auch ästhetisch ein beeindruckendes Erlebnis in der Natur darstellen.

Wissenswertes

Der Parasol oder Gemeine Riesenschirmling hat in verschiedenen Kulturen eine lange Geschichte. Schon in antiken Zeiten schätze man ihn als Speisepilz in vielen traditionellen Rezepten. In der Volksmedizin wurden dem Parasol auch heilende Eigenschaften zugeschrieben, insbesondere bei Verdauungsbeschwerden.

Gattung
Schirmlinge, Riesenschirmlinge

Vorkommen
Mischwälder, Waldränder, Waldwege, Heiden

Jahreszeit
Frühsommer bis Spätherbst

Sporenpulverfarbe
Weiss

Hut und Fruchtkörper
Ca. 3–25 cm

Schirmherr über Wald und Wiesen.

Standhaft und faszinierend
Im strahlenden Sonnenlicht bin ich nicht zu übersehen und erstrahle in lebhaften Farben auf der Wiese.

Fichtenreizker

Lactarius deterrimus

Duft und Geschmack

Bekannt für sein intensives Pilzaroma und den fruchtigen Duft – der Fichtenreizker ist ein geschätzter Speisepilz in Mitteleuropa. Noch köstlicher sind die Edel- und die Lachsreizker.

Wissenswertes

Der Fichtenreizker enthält Farbstoffe, die zu einer Verfärbung des Urins führen können. Diese Farbstoffe sind für den Menschen aber nicht gefährlich und werden einfach ausgeschieden. Selbst Muttermilch kann sich durch die Farbstoffe in Reizkern orange-rötlich verfärben.

Gattung
Reizker

Vorkommen
Bei Fichten

Jahreszeit
Sommer bis Spätherbst

Sporenpulverfarbe
Blassocker

Hut und Fruchtkörper
Ca. 4–15 cm

Der muss sich ja wohlfühlen in so einer prächtigen Landschaft.

Was für ein Name
Wenn dein Name Ziegelgelber Schleimkopf wäre, wie würdest du dich fühlen? Dabei bin ich doch so harmlos.

Ziegelgelber Schleimkopf

Cortinarius varius

Fundort

Der Ziegelgelbe Schleimkopf ist ein typischer Bewohner von Nadelwäldern. Es handelt sich um einen Symbiosepilz, der vor allem bei Kiefern, Fichten und Tannen gefunden werden kann. Die Art bevorzugt darüber hinaus kalkreiche Böden und gehört sicherlich zu den eher häufigeren Arten aus der Gattung der Schleierlinge. Es war eine schöne Erfahrung, diesen bemerkenswerten Pilz zu finden. Die Umgebung trug besonders zur fantastischen Stimmung bei.

Gattung
Schleimköpfe, Schleierlinge

Vorkommen
Nadelwald, bevorzugt Kiefern, Fichten, Tannen, kalkreicher Boden

Jahreszeit
Sommer bis zum ersten Frost

Sporenpulverfarbe
Rostbraun

Hut und Fruchtkörper
Ca. 4–10 cm

Ich lebe in einer märchenhaften Landschaft.

Aussehen

Es gibt nur wenige Pilze, die eine so klare Bestimmungsmethode bieten. Denn wenn man ein Exemplar in die Hand nimmt und den Hut energisch nach oben zieht, bleibt das charakteristische Knöpfchen am oberen Ende des Stiels zurück. Diese einzigartige Eigenschaft macht die Bestimmung des Knopfstieligen Rüblings zu einer vergleichsweise einfachen Aufgabe. Es sind gerade solche Besonderheiten, die das Sammeln und Bestimmen von Pilzen zu einer faszinierenden und zugänglichen Erfahrung macht.

Wissenswertes

Koreanische Wissenschaftler:innen haben angeblich Inhaltsstoffe in diesem Pilz entdeckt, die tumorhemmende und antibiotische Eigenschaften aufweisen können sowie in der Lage sind, Blutzucker- und Cholesterinwerte zu senken.

Man sollte Pilze öfter ins rechte Licht setzen.

Gattung
Rüblinge

Vorkommen
Mischwald

Jahreszeit
Frühsommer bis Spätherbst

Sporenpulverfarbe
Weiss bis hellcreme

Hut und Fruchtkörper
Ca. 1–4 cm

Jodlerchörli Leissiggrat
Was sie uns wohl vortragen werden?

Knopfstieliger Rübling

Gymnopus confluens

Lebensweise
Wenn wir zögern sie mitzunehmen, werden sie im Handumdrehen von selbst verzehrt. Das mag sich übertrieben anhören, ist jedoch keineswegs so. Denn sobald dieser Pilz seine Fruchtkörper und Sporen entwickelt hat, produziert er Enzyme, die seinen eigenen Abbau bewirken. Diesen Prozess nennt man Autolyse (Selbstzersetzung).
Wer kennt nicht die wenig appetitlichen, schwarzen Tintlinge, die schliesslich zu einem tiefschwarzen Brei zerfliessen und an den Gräsern kleben bleiben?

Wissenswertes
Von der Antike bis ins Mittelalter wurde aus dem Schopftintling Tinte hergestellt. Hierfür liess man einige Exemplare in einer Schale zerfliessen, schöpfte die entstandene Flüssigkeit ab und mischte sie mit Gummiarabikum und Nelkenöl.

In seiner Vergänglichkeit zeigt er uns die Flüchtigkeit des Lebens.

Gattung
Tintlinge

Vorkommen
Parks, Gärten, Wiesen, Waldwege, Waldränder, feuchtigkeitsliebend

Jahreszeit
Frühling bis Spätherbst

Sporenpulverfarbe
Schwarz

Hut und Fruchtkörper
Ca. 2–9 cm

Glanz und Gloria
Elegant gestylt für einen Abend in der Stadt.

Schopftintling

Coprinus comatus

Tränen im Reich der Pilze
Trete nicht einfach auf die Pilze! Dieser hier könnte weinen.

Tränender Saumpilz

Lacrymaria lacrymabunda

Unscheinbar

Sie standen am Wegesrand, wie im kleinen Bild unten zu sehen ist. Fast keiner, der hier vorbeikommt, nimmt sie wahr. Dieses Beispiel verdeutlicht eindrucksvoll, wie unscheinbar Pilze oft wirken und wie leicht sie übersehen werden. Erst wenn man sie ins rechte Licht setzt, entfalten sie ihre volle Pracht und werden zu wahren Blickfängen. Genau das ist das Ziel dieses Buches: dir die Faszination und Schönheit der Pilze näherzubringen, damit du in Zukunft mit offenen Augen ihre Wunder entdeckst.

Warum tränen sie?

Die tränende Erscheinung tritt aufgrund der Anatomie und Physiologie des Pilzes auf. Wenn der Saumpilz verletzt oder berührt wird, setzt er eine Flüssigkeit frei, die dunkel und tränenähnlich ist. Dieser Prozess kann durch verschiedene Faktoren ausgelöst werden wie zum Beispiel Berührung, Druck, Erschütterungen oder Feuchtigkeit.

Gattung
Ritterlingsähnliche, Saumpilze

Vorkommen
Waldwege, Wiesen, Parks, Strassenränder, Waldränder

Jahreszeit
Frühling bis Herbst

Sporenpulverfarbe
Schwarz

Hut und Fruchtkörper
Ca. 3–8 cm

Unauffällig stehe ich entlang der Wege und werde oft übersehen.

Unordnung?
In der Menge wirkt das schon wieder harmonisch.

Wiesenkeule

Clavaria fragilis

Fundort

Ich habe diese Wiesenkeulen in einer nahegelegenen Wiese entdeckt, wo sie so auffällig waren, dass man sie nicht übersehen konnte.

Aussehen

Keulenpilze sind äusserst fragile Pilze, die wurmförmig aussehen. Die Fruchtkörper können schlank oder dicklich sein und besitzen keinen ausgeprägten Stiel. Sie wachsen in der Regel in dichten Büscheln auf mageren Wiesen. Bei feuchtem Wetter gedeihen sie oft in grösseren Mengen.

Gattung
Röhrenkeulen

Vorkommen
Wiesen, Weiden, Waldlichtungen,
Mischwälder, Magerwiesen,
oft auf fast nackten Böden,
gesellig, büschelig

Jahreszeit
Sommer bis Herbst

Sporenpulverfarbe
Weiss, hell, transparent

Hut und Fruchtkörper
Ca. 5–11 cm

Glimmertintling

Coprinellus micaceus

Wissenswertes

Pilze haben auch in der Folklore und Kultur eine gewisse Bedeutung. Als Beispiel kann der Glimmertintling herangezogen werden: In einigen Kulturen werden sich schnell zersetzende Pilze als Symbol für Vergänglichkeit betrachtet. Pilze spielen aber auch in der Volksmedizin einiger Kulturen wie der asiatischen eine grosse Rolle. Man spricht dabei von sogenannten Vitalpilzen. Ein schillerndes Aussehen oder die Einzigartigkeit eines Pilzes kann auch als Anstoss für Kreativität, Einzigartigkeit oder Schönheit dienen. So überrascht es nicht, wenn sich Pilze in Kunstwerken und Designs wiederfinden. Darüber hinaus sind sie auch ein Symbol für die Wichtigkeit des Umweltschutzes und der Erhaltung von Lebensräumen. Das Vorkommen von Pilzen kann als Indikator für die Gesundheit eines Ökosystems gewertet werden.

Gattung
Tintlinge

Vorkommen
Vermoderndes Holz, gerne Laubholz, Parks, Wälder, Gärten

Jahreszeit
Frühling bis Spätherbst

Sporenpulverfarbe
Schwarz

Hut und Fruchtkörper
Ca. 1–5 cm

Hier waren sie in grossen Mengen vorhanden.

Kraftstrotzend
Wer sich mir in den Weg stellt, wird nach oben gedrückt.

Naturgewalt

Erdschieben

Die Kraft der Natur, vor allem von Pilzen, ist in der Tat faszinierend. Eine bemerkenswerte Eigenschaft von Pilzen ist ihre erstaunliche Fähigkeit, sich durch den Boden zu drücken, um an die Oberfläche zu gelangen. Dieser faszinierende Prozess, der als «Erdschieben» oder «Erdaufwölbung» bekannt ist, tritt auf, wenn Pilze wachsen und ihre Fruchtkörper wie Pilzkappen oder Pilzhüte an die Oberfläche drücken, um ihre Sporen zu verbreiten.

Es ist erstaunlich, dass diese scheinbar unscheinbaren Organismen die Kraft besitzen, sich durch die Erde zu stossen, um ihre Fortpflanzung voranzutreiben. Dieser natürliche Vorgang verdeutlicht nicht nur die Anpassungsfähigkeit der Pilze, sondern auch ihre wichtige Rolle im Ökosystem. Der Boden wird curch diesen Prozess mit neuen Nährstoffen angereichert, während gleichzeitig die Verbreitung von Sporen eine entscheidende Rolle für die Vielfalt und den Kreislauf des Lebens in der Natur spielt. Die Wunder der Natur offenbaren sich in den scheinbar kleinen, aber faszinierenden Details des Pilzwachstums.

Sie setzen alles daran, sich fortzupflanzen.

Fundort

Nur wenige Pilze sind aus grösserer Entfernung so auffällig wie der äusserst ansprechende Beringte Schleimrübling: Er thront prominent auf einem gefällten Buchenstamm. Man findet den Pilz überwiegend an totem Buchenholz, aber auch an gesunden Stämmen und manchmal sogar in bis zu fünf Meter Höhe. Es ist ein unverwechselbarer Pilz, den man gerne bewundert, was sich auch an den vielen Aufnahmen zeigt, die im Netz kursieren.

Wissenswertes

Aus seinem Myzel wird das Antibiotikum Mucidin gewonnen, das gegen Hautkrankheiten wirkt. Weitere Studien haben gezeigt, dass noch weitere Antibiotika gegen verschiedene Krankheiten aus Pilzen entwickelt werden könnten. Die Pilzwelt wird auch in Zukunft noch viele Geheimnisse preisgeben.

Gattung
Rüblinge

Vorkommen
Totholz, Laubholz,
meist Buchen, selten Eichen,
einzeln bis büschelig wachsend

Jahreszeit
Sommer bis Spätherbst

Sporenpulverfarbe
Weiss bis cremeweiss

Hut und Fruchtkörper
Ca. 1–8 cm

Quallen?
Sie erinnern manche an Quallen im Meer. Vielleicht hast du schon Bekanntschaft gemacht. Diese hier brennen jedoch nicht.

Beringter Schleimrübling

Mucidula mucida

Fundort

Oft sitzt der Kastanienbraune Stielporling prominent auf einem abgestorbenen Holzstamm, da kann man ihn nicht übersehen. Ich habe ihn selbst zum ersten Mal entdeckt, obwohl er anscheinend gar nicht so selten sein soll.

Aussehen

Besonders auffällig ist seine fettig glänzende Oberfläche. Die Poren sind so fein, dass sie mit blossem Auge kaum sichtbar sind. Einige haben einen Durchmesser von nur einem Achtel Millimeter, wobei sie jedoch bis zu zwei Millimeter tief sein können.

Ich sass hier auf dem Baumstamm, doch jemand hat mich weggenommen.

Gattung
Porlinge, Stielporlinge

Vorkommen
Totes Laubholz wie Rotbuchen, Weiden, Pappeln, Eschen, Erlen

Jahreszeit
Gerne in Wellen
ab Mai und August

Sporenpulverfarbe
Cremefarben

Hut und Fruchtkörper
Ca. 5–20 cm

Angeber
Ich kann schon mal eine beeindruckende Grösse von über 20 Zentimeter erreichen. So sorge ich für Aufmerksamkeit.

Kastanienbrauner Stielporling

Picipes badius

Fundort

Dieser faszinierende Pilz gedeiht bevorzugt in Laub- und Nadelwäldern, insbesondere auf Totholz. Dabei zieht es den Pilz besonders zu Baumstümpfen und verrottendem Holz hin, wo er seine Kappen inmitten der feuchten Umgebung entfaltet. Ein faszinierendes Beispiel für diesen Lebensraum lässt sich auf dem kleinen Bild erkennen: Ein Baumstumpf, überzogen von einem zarten Moosteppich. Der Grünblättrige Schwefelkopf findet in solchen idyllischen Kulissen einen idealen Ort, um sich zu entwickeln und zu wachsen. Das Moos und der verwitterte Baumstumpf schaffen eine harmonische Umgebung, die das natürliche Gleichgewicht des Waldes widerspiegelt.

Namensgebung

Der Name «Schwefelkopf» ist zwar irreführend, denn weder riecht der Pilz nach Schwefel noch beinhaltet er es. Er erhielt seinen Namen aufgrund seiner auffälligen gelben Farbe, die an Schwefel erinnert, und des gewellten Hutrandes. In der Vergangenheit wurden Pilze oft aufgrund ihres äusseren Erscheinungsbildes oder anderer Merkmale benannt, die auf das Aussehen oder die Standorte hinweisen.

Dicht bevölkert wie in einer Grossstadt. Immerhin gibt es noch eine Grünanlage.

Gattung
Schwefelköpfe

Vorkommen
Baumstümpfe, vergrabenes Holz, gesellig bis büschelig wachsend

Jahreszeit
Ganzjährig

Sporenpulverfarbe
Dunkelbraun-lila, purpurbraun

Hut und Fruchtkörper
Ca. 2–7 cm

Auffällig
Im Herbst ist er häufig anzutreffen und erfreut mit seinem schönen Anblick.

Grünblättriger Schwefelkopf

Hypholoma fasciculare

Kein Klopfen zu hören
Der Spechttintling braucht keine dicken Maden, um zu überleben.

Spechttintling

Coprinopsis picacea

Fundort

Wenn du im Herbst durch einen Buchenwald streifst, eröffnet sich die faszinierende Möglichkeit, dem Spechttintling zu begegnen. Dieser zauberhafte Pilz fügt sich harmonisch in die natürliche Kulisse des Laubwaldes ein. Sein Auftreten ist oft mit dem Laub am Boden verbunden, und wenn er sich aus dieser organischen Decke emporreckt, wird er zu einem leicht entdeckbaren Schatz im Wald.

Namensgebung

Dieser Name bezieht sich auf die schwarz-weisse Zeichnung auf dem Pilzhut, die Ähnlichkeiten mit den schwarz-weissen Markierungen auf dem Gefieder einiger Spechtarten aufweist. Im Alter sieht er jedoch aus wie ein schwarzer Vogel.

Gattung
Tintlinge

Vorkommen
Laubwald, gerne humus- und kalkreicher Boden

Jahreszeit
Sommer bis Herbst

Sporenpulverfarbe
Schwarz

Hut und Fruchtkörper
Ca. 1–8 cm

So markant, dass er nahezu unausweichlich ins Auge sticht.

Urgestein
Ein geheimnisvoller Pilz
aus vergangenen Zeiten.

Langstielige Ahorn-Holzkeule

Xylaria longipes

Aussehen

Diese Pilze wirken wie prähistorische Kreaturen aus einer vergangenen Ära. In ihrer Jugend präsentieren sie sich in einer rein weissen Farbe, aber im Laufe der Zeit können sie ein beängstigendes Erscheinungsbild annehmen. Sie sind so klein und unauffällig, dass man sie leicht übersieht. Mir sind sie erst aufgefallen, weil meine Begleitperson mich darauf aufmerksam gemacht hat. Man fragt sich zuerst, ist das ein Pilz? Aber auch die Langstielige Ahorn-Holzkeule gehört zum Reich der Mykorrhiza.

Namensgebung

Langstielige Ahorn-Holzkeulen wachsen vorwiegend, wie der Name schon sagt, auf abgestorbenen Ahornästen.

Wissenswertes

Wenn das Holz bereits stark vom Pilz angegriffen wurde, kann gelegentlich ein Muster aus dunklen Flecken entstehen, das an das Fell einer Giraffe erinnert. Solche Äste werden als Giraffenholz bezeichnet. Dieses charakteristische Muster kann auch durch andere Pilzarten erzeugt werden.

Gattung
Holzkeulen

Vorkommen
Totes Laubholz, bevorzugt Ahorn, aber auch Buchen und Eschen

Jahreszeit
Ganzjährig

Sporenpulverfarbe
Unreif: weiss,
reif: schwarz

Hut und Fruchtkörper
Ca. 1–2,5 cm

Projektziel in Sicht
Die Schatten werden länger, und die Sonne verliert allmählich ihre sommerliche Intensität. Die Herbstzeit ist fortgeschritten, in all ihrer Pracht, und sie markiert auch das nahe Ende meines Projekts.

Blick von der Waldegg-Allmi – Herbst

Genuss auf Vorrat
Sammeln, trocknen und den Winter geniessen.

Totentrompete

Craterellus cornucopioides

Aussehen

Totentrompeten werden oft in grösseren Gruppen gefunden und sind Meister der Tarnung im Laub des Buchenwaldes mit ihrer dunklen Farbe, die an vertrocknete Blätter erinnert. Du könntest direkt vor ihnen stehen und sie dennoch nicht erkennen.

Duft und Geschmack

Im ersten Augenblick mag dieser Speisepilz auf Ungeübte wegen seiner russgrauen bis schwarze Farbe abschreckend wirken. Doch dieser Eindruck verfliegt, sobald die Totentrompete die Geschmacksknospen erreicht. Denn in diesem Moment entfaltet sich das volle Aroma dieser heimischen Delikatesse, die durch ihre charakteristische Trompetenform auch optisch mit Extravaganz besticht. Getrocknet verleiht er Pilzgerichten ein besonders intensives Aroma.

Reinigung

Die Reinigung dieses Speisepilzes gestaltet sich als recht mühsam, da sich tief im trompetenförmigen Fruchtkörper gerne Schnecken und Insekten verstecken. Daher ist es ratsam, die Trompeten seitlich aufzuschneiden, um einen Blick ins Innere zu werfen und etwaige Verunreinigungen zu entfernen.

Gattung
Leistlinge

Vorkommen
Laubwald wie Eichen, Buchen, kalkhaltiger Boden

Jahreszeit
Sommer bis Spätherbst

Sporenpulverfarbe
Weiss

Hut und Fruchtkörper
Ca. 3–6 cm

Irgendwo hier in den Blättern müssen sie sein.

Blumenkohlröschen?
Könnte man meinen, aber es sind tatsächlich Pilze.

Buchenadernzähling

Plicaturopsis crispa

Fundort

Da streift man durch das dichte Unterholz und steht plötzlich vor einem liegenden Baumstamm, der übersät ist mit dem Buchenadernzähling. Die Pilze haften fest an diesem Stamm der Rotbuche, der noch von Borke bedeckt ist.

Aussehen

Du hast es sicherlich bemerkt: Man sieht die Unterseite des Pilzes. Seine muschelförmigen Fruchtkörper wachsen dicht gedrängt und aneinander aufgereiht.

Namensgebung

Der Name suggeriert eine Vorliebe für Buchen. Tatsächlich wächst dieser Pilz aber an mindestens sechzehn verschiedenen Holzarten, wobei Kirsche, Pflaume und Schlehe mit Abstand am häufigsten genannt werden, dann folgt die Birke und danach erst die Buche.

Gattung
Zählinge

Vorkommen
Totholz, meist Laubholz

Jahreszeit
Herbst bis Frühjahr

Sporenpulverfarbe
Weiss

Hut und Fruchtkörper
Ca. 1–4 cm

Erlebnisreich

Dieser Pilz, mit seinem auffälligen goldenen Röhrenmuster, verbreitet im Herzen des Waldes eine besondere Magie. An einem wunderschönen Novembertag entdeckte ich diesen Pilz zwischen zwei verlassenen Bahnschienen. Die Schienen wurden wahrscheinlich dort abgelegt, um später Holz zu lagern. Doch ungeachtet der auffälligen Farbe, liefen die Wandernden am Pilz vorbei und schenkten ihm keine Beachtung. Sie waren zu sehr mit sich selbst oder dem Handy beschäftigt. Genau darauf soll dich dieses Buch aufmerksam machen. Sei neugierig und beobachte die wunderbare Natur!

Wissenswertes

Der Goldröhrling mit seinem strahlenden Erscheinungsbild im Wald wird oft metaphorisch als leuchtendes Symbol für Optimismus und Glanz betrachtet: So wie der Goldröhrling seine Umgebung mit seinem goldenen Schimmer erhellt, kann auch das positive Denken und die Zuversicht die Dunkelheit des Alltags überkommen. In der Metapher offenbart sich die Kraft, selbst inmitten der Herausforderungen des Lebens einen goldenen Weg zu finden.

Hier verkehrt kein Zug, deshalb fühle ich mich hier so wohl.

Gattung
Röhrlinge, Schmierröhrlinge

Vorkommen
Fast ausnahmslos als Symbiosepilz mit der Lärche

Jahreszeit
Sommer bis Herbst

Sporenpulverfarbe
Gelblich-braun

Hut und Fruchtkörper
Ca. 3–12 cm

Goldröhrling

Suillus grevillei

Lebensweise

Nach drei Wochen auf dem Substrat spriessen die ersten Pilze. Anschliessend kann etwa vier bis sechs Tage lang geerntet werden, bevor eine zweite Erntewelle nach weiteren drei bis vier Tagen einsetzt. Die Pilze verdoppeln sich täglich, daher ist eine schnelle und rechtzeitige Ernte entscheidend.

Wissenswertes

Die Gerber Champignons AG ist der älteste Champignon-Zuchtbetrieb der Schweiz. Schon 1937 wurden in den Kellern von Fritz Gerber Champignons gezüchtet. Herr Busslinger hat mich freundlich empfangen, um Fotos zu machen. Dabei habe ich viel von ihm über diese Köstlichkeiten erfahren. Heute werden auf einer Betriebsfläche von rund 7500 Quadratmeter jährlich mit etwa 70 Mitarbeiterinnen und Mitarbeitern rund 1200 Tonnen Champignons produziert.

Wusstest du, dass du deine eigenen Champignons züchten kannst? Mit einem Substratbeutel und der richtigen Anleitung kannst du über einen längeren Zeitraum frische Pilze zu Hause geniessen. Ich habe es selbst ausprobiert und es funktioniert!

Wie viele Tausend Pilze werden wohl heute geerntet?

Gattung
Champignons, Egerlinge

Vorkommen
Als Kulturchampignons, Wiesen mit Pferde- oder Hühnermist

Jahreszeit
Frühsommer bis Spätherbst, Zucht ganzjährig

Sporenpulverfarbe
Purpurbraun, dunkelbraun, schokoladenbraun

Hut und Fruchtkörper
Ca. 4–10 cm

Pilzschule
In dieser Schule werden sie liebevoll gezogen, bis sie schliesslich auf unseren Tellern landen.
Zuchtchampignon
Agaricus bisporus

Erster Schnee in den Bergen
Der erste Schnee ist gefallen, dennoch werde ich auch in der Winterzeit nach Pilzen Ausschau halten.

Wintereinbruch in den Bergen

Klumpfuss
Dies stellt für den Pilz keinen Nachteil dar.

Fauliger Klumpfuss

Cortinarius barbaricus

Erlebnisreich

Der Name dieses Pilzes lässt bereits vermuten, dass ihn niemand gerne auf dem Teller hätte. Doch sei unbesorgt, er ist eher selten anzutreffen. Ich habe ihn Mitte Dezember gefunden, zu einer Zeit, in der wahrscheinlich die wenigsten auf Pilzsuche gehen. Dennoch hat auch der Faulige Klumpfuss seine Daseinsberechtigung. Er ist unverzichtbar im gesamten Gefüge der Pilze, um den Wald in einem sauberen Zustand zu halten.

Aussehen

In der Mykologie bezeichnet der Begriff «Klumpfuss» einen Vertreter der Haarschleierlinge (Cortinarius), die gemeinsam mit den Schleimköpfen die Untergattung Phlegmacium bilden. Diese Arten zeichnen sich durch eine markante Knolle oder Verdickung am basalen Ende des Stiels aus. Bei einigen Arten sind die Knollen sogar scharf gerandet. Die Abgrenzung zwischen einem Klumpfuss und einem Schleimkopf kann jedoch fliessend sein.

Gattung
Klumpfüsse

Vorkommen
Mischwald, grasige, moosige, feuchte, kalkhaltige Böden

Jahreszeit
Sommer bis Spätherbst

Sporenpulverfarbe
Rostbraun

Hut und Fruchtkörper
Ca. 3–7 cm

Es lohnt sich, gelegentlich auch einen Blick abseits des Pfades zu werfen.

Farbtupfer im Dezember
Die Minusgrade haben bereits ihren Tribut gefordert, dennoch können schöne Farbtupfer inmitten des tristen Graus entdeckt werden.

Gelbstieliger Trompetenpfifferling

Cantharellus tubaeformis

Erlebnisreich

Die Trompetenpfifferlinge erwartet man im Spätherbst. Daher war ich sehr erstaunt, am 23. Dezember auf diese Pilze zu stossen. Es war ein kalter Tag mit einem Grad unter null. Daher waren diese Exemplare schon leicht angefroren.

Reinigung

Sehr gut zum Trocknen und als Mischpilz geeignet, trotz Dünnfleischigkeit. Beachte aber bitte beim Putzen, dass sich im hohlen Stiel Eier, Schnecken und Insekten befinden können. Diese sind zwar nicht giftig, aber sicherlich unappetitlich!

Duft und Geschmack

Getrocknete Trompetenpfifferlinge eignen sich hervorragend für die Herstellung von aromatischem Pilzpulver. Dieses Pulver lässt sich ideal mit Kräutern wie Majoran und Oregano sowie Salz kombinieren, um eine köstliche Gewürzmischung herzustellen. Mit einer Prise Salz, weicher Butter und einem grosszügigen Esslöffel des getrockneten Pulvers lässt sich ganz einfach eine schmackhafte Pilzbutter zubereiten.

Gattung
Leistlinge

Vorkommen
Mischwald, regional sehr häufig

Jahreszeit
Sommer bis Spätherbst

Sporenpulverfarbe
Weiss

Hut und Fruchtkörper
Ca. 2–7 cm

Man findet sie an totem Holz wie beispielsweise an Ästen und Baumstämmen.

Erlebnisreich

Während ich durch das Unterholz streifte, leuchtete plötzlich vor mir ein auffallend gelber Pilz an einem liegenden Ast auf, genau wie auf dem kleinen Bild zu sehen ist. Ein wahrhaft faszinierendes Fundstück, das nur denjenigen offenbart wird, die sich abseits der ausgetretenen Pfade wagen und die verborgenen Schätze der Natur zu entdecken suchen.

Aussehen

Sein Fruchtkörper fällt besonders ins Auge: auffallend elastisch, mit gehirnartigen Windungen, die ihm eine eigenartige Anmutung verleihen. Beim Berühren fühlt er sich gallertartig an, und wenn man vorsichtig daran zieht, gibt er elastisch nach, als würde er sich behutsam in die Umgebung schmiegen. Die leuchtende Gelbfärbung hebt ihn dabei deutlich von der umgebenden Natur ab und verleiht dem Wald eine geheimnisvolle Note.

Lebensweise

Dieser Pilz erwacht zum Leben, wenn die Umgebung feucht ist. Sobald jedoch Trockenheit eintritt, schrumpft er in sich zusammen, und die markanten Windungen werden gut sichtbar. Bei erneuter Feuchtigkeit entfaltet er sich wieder in voller Pracht und setzt sein faszinierendes Wachstum fort. Seine Farbintensität schwindet jedoch zunehmend, bis er eher blass wirkt.

Abseits der ausgetretenen Pfade wird man mit diesem Pilz belohnt.

Gattung
Zitterlinge

Vorkommen
Laubholzäste, parasitiert das Myzel von Zystidenrindenpilzen

Jahreszeit
Ganzjährig,
meist Spätherbst bis Frühling

Sporenpulverfarbe
Weiss

Hut und Fruchtkörper
Ca. 2–14 cm, je nach Feuchte

Schwabbelig
Weich und gallertartig im Griff – so präsentiert sich dieser Pilz in einer Erscheinung, die an erstarrte Vanillecreme erinnert.

Goldgelber Zitterling

Tremella mesenterica

Aussehen

Es gibt nur wenige Pilze, die so leicht und eindeutig identifiziert werden können wie der Harzige Sägeblättling. Sein Name liefert zwei entscheidende Hinweise. Beim Berühren des Pilzes hat man das Gefühl, einen harzigen Baum anzufassen. Zusätzlich weicht das Erscheinungsbild in dem kleinen Bild oben rechts von anderen Lamellenpilzen ab. Wie üblich bei Sägeblättlingen, ähneln sie eher Blätter von Sägen. Aufgrund dieser charakteristischen Merkmale lässt sich dieser Pilz besonders gut bestimmen.

Wissenswertes

Holzzersetzende Pilze, auch als Saprophyten bezeichnet, sind in der Lage, selbst das härteste abgestorbene Holz vollständig zu zersetzen. Obwohl sie für diesen natürlichen Prozess von grosser Bedeutung sind, mag man sie nicht überall. Insbesondere in Parks, öffentlichen Plätzen und Hausgärten werden sie oft als störend empfunden. Die Sporen dieser Pilze können bei verletzten oder geschwächten Bäumen durch Wunden am Stamm, an der Krone oder in einigen Fällen auch direkt über die Wurzeln eindringen. Dort verursachen sie Fäulnis und entwickeln später Fruchtkörper. Daher sind wir manchmal überrascht, warum grosse und schöne Bäume gefällt werden müssen.

Selbst massive Stämme werden von solchen Pilzen zersetzt.

Gattung
Sägeblättlinge

Vorkommen
Modernde Nadelholzstümpfe oder Äste, vor allem Fichten oder Tannen

Jahreszeit
Ganzjährig, häufig Winter bis Frühling

Sporenpulverfarbe
Weiss

Hut und Fruchtkörper
Ca. 2–6 cm

Klebrige Angelegenheit
Ein authentischer Winterpilz mit einer harzigen, klebrigen Haut.

Harziger Sägeblättling

Neolentinus adhaerens

Fundort

Diese Birnenstäublinge wuchsen auf einem abgestorbenen Baumstamm, der mit Moosen überzogen war. Ich war erstaunt, denn die Pilze waren auch nach drei Monaten immer noch sichtbar. Selten habe ich eine Art gesehen, die so widerstandsfähig ist wie diese.

Wissenswertes

Der Birnenstäubling wurde manchmal als «Notstandspilz» oder «Kriegspilz» bezeichnet. Denn obwohl er nicht mehr als kulinarische Delikatesse gilt, enthält er wichtige Nährstoffe, die in Zeiten von Hungersnöten helfen könnten. Natürlich nur wenn die Pilze frisch sind.

Gattung
Stäublinge, Boviste

Vorkommen
Alte, tote Äste,
Holzabfälle, Baumstrünke

Jahreszeit
Sommer bis Spätherbst

Sporenpulverfarbe
Olivbraun

Hut und Fruchtkörper
Ca. 2–6 cm

Ausgepustet
Die Fortpflanzung ist abgeschlossen. Die Stäublinge haben erfolgreich ihre Sporen freigesetzt und werden im Laufe des Winters unter der Schneedecke verschwinden.

Birnenstäubling

Apioperdon pyriforme

Uns mag man
Camembert, Gorgonzola und Salami. Wem läuft da nicht das Wasser im Mund zusammen?

Schimmelpilz

Penicillium roqueforti / Penicillium camemberti

Gut oder böse?

Beim Gedanken an Schimmelpilz denkt man in der Regel nichts Gutes. Das Thema Schimmelpilz erfordert aber eine differenzierte Betrachtung und lässt sich nicht immer eindeutige Einteilungen in «gut» oder «böse» zu.

Die «Guten» spielen eine wichtige Rolle bei der Zersetzung von organischen Materialien in der Natur; werden in der Lebensmittelproduktion verwendet, um Käse, Bier, Wein und andere Lebensmittel herzustellen und kommen in der Produktion von Antibiotika wie Penicillin zum Zuge.

Die «Bösen» können gesundheitsschädlich sein, insbesondere in Innenräumen, indem sie Allergien auslösen und Atemprobleme verursachen; führen zum Verderb von Lebensmittel und produzieren schädliche Toxine, die gesundheitsschädlich sein können und verursachen strukturelle Schäden in Gebäuden, wenn sie aufgrund von Feuchtigkeitsproblemen gedeihen.

Beispiele aus der Lebensmittelproduktion

Edelfäule – Botrytis cinerea, auch als Grauschimmelfäule bekannt – ist eigentlich eine Pflanzenkrankheit. Bei Weintrauben wird sie jedoch gezielt genutzt, um Edelfäule zu erzeugen, bei der die Traubenschalen schrumpeln und der Saft in der Beere sich konzentriert. Diese bildet sich auf reifen Trauben ab etwa 80 Grad Oechsle während warmer Herbstwetterperioden. Die notwendige Feuchtigkeit für das Wachstum der Edelfäule wird in der Regel durch morgendlichen Frühnebel bereitgestellt, während die Tage weiterhin warm genug sein müssen, um das Trocknen der Beeren zu fördern. Dieser Prozess trägt entscheidend zur Entwicklung von Süssweinen höchster Qualität bei.

Der Edelschimmel – auch als Edelpilz bekannt – trägt dazu bei, Wurst- und Käsesorten wie Edelsalami, Gorgonzola und Camembert zu reifen, womit er ihnen ein charakteristisches, würziges Aroma verleiht.

Leben ohne Pilze nicht möglich

Obwohl Pilze für viele Erkrankungen in unserem Körper verantwortlich sein können, gibt es auch Positives zu berichten. Pilze haben einen bedeutenden Einfluss auf unsere Gesundheit, unser Denken und Fühlen. Sie tragen dazu bei, verschiedene Aspekte wieder ins Gleichgewicht zu bringen. Beispielsweise produzieren Bakterien und winzige Pilze eine Vielzahl von Substanzen, die unseren Stoffwechsel steuern. Moleküle, die von ihnen erzeugt werden, beeinflussen sogar unser Gehirn. Selbst an der Regulation unseres Glückshormons Serotonin sind Darmmikroben beteiligt. Es gibt noch viele Aspekte, die erforscht werden müssen, um diese Vorgänge wirklich zu verstehen.

So mögen wir Hefe
Ein frisches und schmackhaftes Brot zum Essen ist wirklich nicht zu unterschätzen. Gerne darf es auch ein frisches Bier sein.

Hefepilz

Saccharomyces cerevisiae

Vermehrung von Hefepilzen

Es gibt eine Vielzahl von unterschiedlichen Hefepilzen. Hefen sind die kleinsten Pilze der Welt. Sie bestehen aus nur einer Zelle. In der Regel erfolgt die Vermehrung von Pilzen durch Sporen, die durch Luftströmungen verbreitet werden, aber bei den meisten Hefepilzen ist dies nicht der Fall. Sie vermehren sich stattdessen durch Sprossung oder Teilung. Dies ist dir vielleicht bekannt: Du kannst Hefe selbst vermehren, indem du sie mit Zucker, Wasser und Mehl vermischst und sie unter geeigneten Temperatur- und Zeitbedingungen aufgehen lässt. Während dieses Prozesses findet die Teilung der Zellen statt, die für uns unsichtbar ist, aber wir können anhand der grösseren Teigmenge feststellen, dass sich die Hefe vermehrt hat. Daher wird Hefe nicht produziert, sondern sie wächst.

Von der Bierhefe zur Backhefe

Ursprünglich wurde aus dem Bierbrauprozess gewonnene obergärige Hefe zum Backen verwendet. Diese wurde jedoch gegen Ende des 18. Jahrhunderts in den Brauereien zunehmend von untergäriger Hefe verdrängt, die für die Bäckereien nur schlecht einsetzbar ist, weil diese, wie der Begriff bereits sagt, bei niedrigeren Temperaturen arbeitet als die obergärige Hefe. Daher begann man Hefen zu kultivieren, die speziell zum Backen geeignet sind – die sogenannte Backhefe.

(Quelle: Verein Schweizer Brot, CH-3001 Bern)

Luftig und aromatisch

Bei allen Hefetypen vermehren sich die Hefezellen bei ausreichender Nährstoffzufuhr (Stickstoff und Phosphor) durch Knospung – und zwar idealerweise bei Temperaturen unter 26 Grad. Je länger man einen Teig aufgehen lässt, desto luftiger wird er also. Dabei wird er gedehnt und gefaltet, um das Kohlendioxid gegen Sauerstoff auszutauschen und die Hefevermehrung anzuregen.

(Quelle: Verein Schweizer Brot, CH-3001 Bern)

Hefeproduktion

Backhefe wird mit Rohstoffen aus der einheimischen Landwirtschaft wie Rübenmelasse und Zuckerdicksaft natürlich – fermentativ und mittels modernster Technologie – gezüchtet. Durch die Kohlensäurebildung während der Gärung lockert die Hefe Brotteige und Backwaren aller Art und verleiht ihnen willkommene Aromastoffe.

(Quelle Hefe Schweiz AG, CH-9507 Stettfurt)

Pilzinfektion

Candida albicans ist ein Hefepilz, den man bei fast allen Menschen in der normalen, gesunden Haut- und Schleimhautflora findet. Unter gewissen Bedingungen kann Candida übermässig wachsen und somit zu einer Candidose (Pilzinfektion) führen. Dies kann beispielsweise bei einem geschwächten Immunsystem der Fall sein.

(Quelle: USZ Universitätsspital Zürich)

Weinende Pilze
Wasserdrucküberschuss trifft diesen Vorgang ausgezeichnet.

Guttationstropfen

Prozess

Erlebnisreich

Bei einem Waldspaziergang stiess ich auf diesen Pilz auf einem alten Baumstamm. Zunächst dachte ich, dass diese Wassertropfen auf dem Pilz durch Regen entstanden seien. Allerdings hatte es zuvor überhaupt nicht geregnet. Dieses Phänomen sieht man normalerweise eher bei Pflanzen, und es ist selten, dies bei Pilzen zu beobachten. Es muss sich um den Rotrandigen Baumschwamm handeln, der etwas verkümmert dasteht.

Wissenswertes

Guttation bezeichnet den Prozess, bei dem Pflanzen und Pilze Wasser in flüssiger Form, insbesondere in Form von Tropfen, abgeben. Dieser Vorgang dient dazu, den Transport von Mineralstoffen aus den Wurzeln in die Blätter (bei Pflanzen) auch bei Wassersättigung sicherzustellen. Um dieses Phänomen zu beobachten, müssen bestimmte Bedingungen erfüllt sein. Guttation tritt vorwiegend in der Nacht auf, wenn der Boden besonders feucht ist. Zu diesem Zeitpunkt ist die Luft kühler als der Boden, und eine hohe Luftfeuchtigkeit liegt vor. Dies ist besonders deutlich am Rotrandigen Baumschwamm zu beobachten (siehe Seite 58).

Was so alles auf einem Baumstumpf wächst.

Sind Pilze der Schlüssel zu einer nachhaltigen Zukunft?

Bereits heute finden Pilze auf vielfältige Weise erfolgreich Anwendung in verschiedenen Bereichen. Zudem wird in zahlreichen wissenschaftlichen Studien intensiv erforscht, wie Pilze dazu beitragen können, unser Leben nachhaltiger zu gestalten. Als Beispiel steht der Begriff «Bioökonomie». Er bezeichnet eine moderne und nachhaltige Form des Wirtschaftens, die auf der effizienten Nutzung biologischer Ressourcen wie Pflanzen, Tieren und Mikroorganismen beruht. Ich will hier auf einige spannende Gebiete aufmerksam machen, von denen in letzter Zeit in den Medien berichtet wurde, denn auch das gehört zu den verborgenen Schönheiten der Pilze.

Böden mit Pilzen dekontaminieren

Forscher:innen setzen sich intensiv mit der Entwicklung von Methoden auseinander, um Schwermetalle aus dekontaminierten Böden zu entfernen. Dabei werden Pilze verwendet, um beispielsweise Kadmium herauszufiltern und anschliessend zu recyceln. Das steckt aber noch in den Kinderschuhen.

Saatgut mit schützenden Pilzen umhüllen

Um den Einsatz chemischer Pflanzenschutzmittel zu reduzieren, wird intensiv erforscht, wie man das Saatgut von Nachtschattengewächsen mit Nutzpilzen ummanteln kann, um so ein widerstandsfähigeres Wachstum zu fördern.

Abwasser mit Pilzenzymen reinigen

Hormone, Schmerzmittel, Antibiotika, aber auch Röntgenkontrastmittel oder Industrie- und Agrarchemikalien werden durch den Menschen über das Abwasser in die Stoffkreisläufe der Natur eingebracht. Aktuelle Studien zeigen, dass allein in Deutschland jährlich etwa 300 000 Tonnen Mikroschadstoffe in die Wasserkreisläufe gelangen. Wissenschaftler:innen der TU Dresden entwickeln ein Biofiltersystem auf der Basis von Pilzenzymen, die kritische Chemikalien effektiv und nachhaltig aus gereinigtem Abwasser entfernen.

Dämmen mit Pilzen

Intensiv wird erforscht, wie sich aus fadenförmigen Pilzen effizient Dämmplatten herstellen lassen. Der natürliche Schaumstoff basiert auf dem Myzel, dem fadenförmigen Wurzelgeflecht, das in der Erde wächst Dieses Myzel wird durch die Verwendung von biologischen Abfällen genährt. Das Ziel besteht darin, einen Dämmstoff zu entwickeln, der höchsten Ansprüchen bezüglich Brandschutz oder Dämmwert genügt und gleichzeitig zu hundert Prozent plastikfrei ist.

Pilze als Fleischersatz

Pilze eignen sich offensichtlich als Fleischersatz, sowohl aufgrund ihrer Nährwerte als auch wegen ihre Konsistenz. Hierbei wird das Pilzmyzel als Rohstoff fü die Nahrungsmittelproduktion genutzt, um hochwerti ge Fleischalternativen herzustellen.

Pilze können Krebs heilen

Heilpilze sind ein unerschöpflicher Fundus immer neue Eigenschaften und Heilwirkungen. Einer der bekann testen Heilpilze ist der Cordyceps, auch Raupenpil genannt. Studien haben gezeigt, dass der Cordycep das Immunsystem kräftigt, Depressionen mindert un gegen Arthroseschmerzen wirkt. Seine besondere Be gabung liegt jedoch im Bereich der Potenz- und Libido stärkung. Gleichzeitig steigert er auch die allgemein körperliche Leistungsfähigkeit, was ihn besonders fü Sportler:innen so interessant macht. Jetzt hat sich her ausgestellt, dass der Cordyceps sogar bei Krebs helfe kann. (Zentrum der Gesundheit DE)

Pilze als Wegweiser der Zukunft

Es muss sich noch viel ändern

Engagierte Wissenschaftler:innen streben danach, die erdölbasierte Gesellschaft in eine biobasierte zu transformieren. Auf diesem Weg stehen jedoch noch zahlreiche Hindernisse im Weg, wobei die Akzeptanz eine entscheidende Rolle spielt. Fragen wie «Kann das wirklich funktionieren?», «Ist das nachhaltig?» und «Wie sieht es mit dem Energieeinsatz aus?» werden aufgeworfen. Solange der Kapitalismus dominiert, könnten einige dieser Ideen mit Schwierigkeiten konfrontiert sein. Dennoch sollten wir angesichts grosser Herausforderungen wie Energiemangel, Umweltverschmutzung, Hunger und Klimawandel – um nur einige zu nennen – den Pilzen eine Chance geben.

Krankenhauskeime bekämpfen

Es ist belegt, dass Krankenhausinfektionen für zahlreiche Todesfälle verantwortlich sind, insbesondere durch Erreger, die gegen Antibiotika resistent sind. Forscher:innen arbeiten daran, aus Pilzen ein Nasenspray zu entwickeln. In einer zukünftigen Realität könnten die Patient:innen bei ihrer Ankunft in der Klinik mit einem solchen Nasenspray oder einer Salbe behandelt werden. Anschliessend wäre eine Verlegung auf eine normale Station ohne das Risiko einer MRSA-Infektion für die Patient:innen oder einer Übertragung auf andere möglich. Dies bleibt jedoch noch eine Vision.

Batterien aus Pilzen

Forscher:innen an der University of California, Riverside haben eine Batterie geschaffen, die teilweise aus Portobello-Champignons hergestellt wird. Das bedeutet, dass der bescheidene Pilz schon bald Handys und die Millionen von elektrischen Autos, die möglicherweise in den nächsten Jahren auf den Markt kommen, mit Strom versorgen könnte.

Pilze zersetzen Mikroplastik

Ein Team der Eidgenössischen Forschungsanstalt Wald, Schnee und Landschaft (WSL) hat einen Pilz gefunden, der innert zwei Monaten die Hälfte eines Bioplastikstückes bei fünfzehn Grad Celsius abgebaut hat. Das Team forscht unter anderem im Engadin daran, wie unser Plastik-Problem dank der Natur gelöst werden könnte. Nicht nur in der Schweiz liegt unentdecktes Potenzial. Weltweit suchen Forschende intensiv nach solchen Enzymen. Mit Erfolg. Kürzlich haben australische Forscher:innen in der Larve des Schwarzkäfers ein anderes Enzym gefunden. Genauer gesagt in dessen Darm. Die Larven können Polystyrol, also Styropor, verdauen. Polystyrol zählt zu den synthetischen Polymeren und wird aus Erdöl hergestellt.

Vitalpilze

Die Verwendung von Vitalpilzen in der Medizin ist ein umstrittenes Gebiet. Gerade im chinesischen Raum werden schon seit Jahrhunderten Vitalpilze in der Medizin eingesetzt. In unserem Kulturkreis hat sich dies noch nicht vollständig etabliert und scheint nach wie vor bei vielen eine Glaubensfrage zu sein. Dennoch werden erhebliche Anstrengungen unternommen, um die heilenden Wirkungen dieser Pilze intensiv zu erforschen.

Textilien

Das Ausgangsmaterial für die Textilproduktion ist das Myzelium eines Pilzes, ein feines Netzwerk von Pilzfasern. Daraus wurden bereits Kleidungsstücke hergestellt. Mach Dir keine Sorgen, die Pilze wachsen während des Tragens nicht weiter, da sie zuvor erhitzt wurden und abgestorben sind. Ökologisch ist das in jedem Fall sinnvoll. Die Produktion von einem Kilogramm Baumwolle erfordert etwa 10 000 Liter Wasser, während die gleiche Menge Textilien aus Pilzen lediglich 100 Liter benötigt.

Im Inneren des Fruchtkörpers findet die Sporenbildung statt. Sporen sind die Fortpflanzungseinheiten der Pilze und spielen eine entscheidende Rolle bei der Bildung neuer Myzel-Strukturen, wodurch der Lebenszyklus fortgesetzt wird.

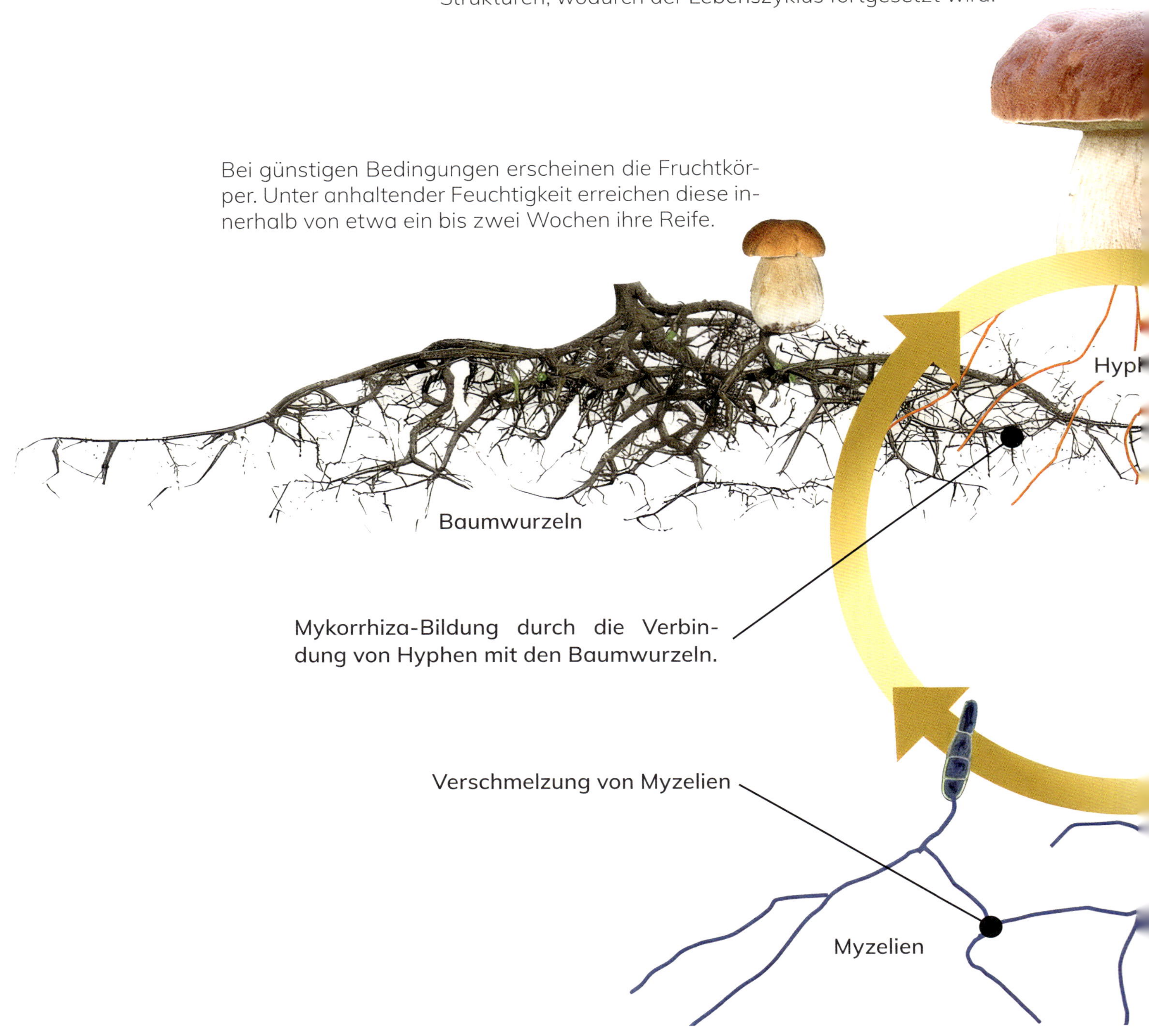

Lebenszyklus Mykorrhiza-Pilz

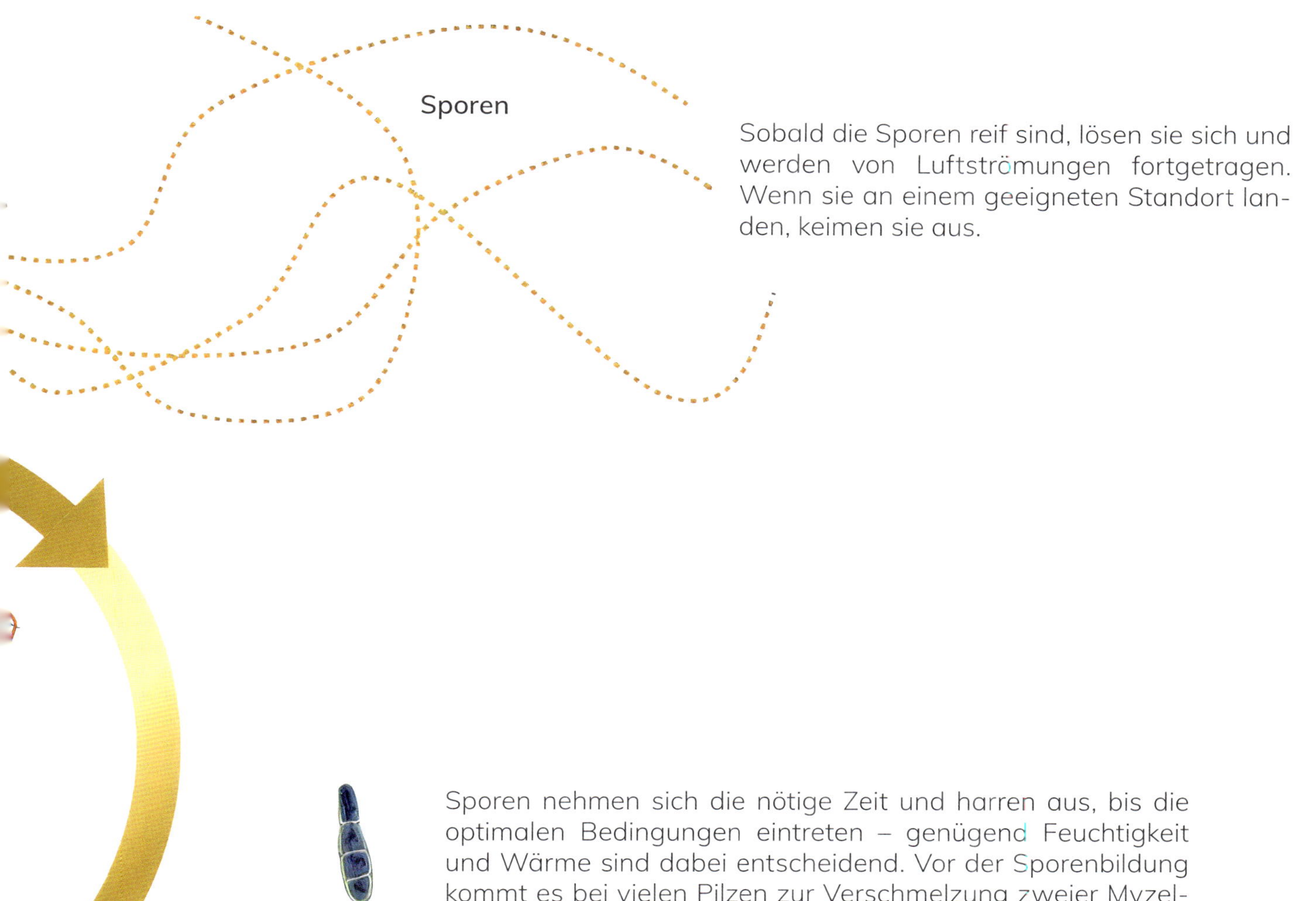

Sobald die Sporen reif sind, lösen sie sich und werden von Luftströmungen fortgetragen. Wenn sie an einem geeigneten Standort landen, keimen sie aus.

Sporen nehmen sich die nötige Zeit und harren aus, bis die optimalen Bedingungen eintreten – genügend Feuchtigkeit und Wärme sind dabei entscheidend. Vor der Sporenbildung kommt es bei vielen Pilzen zur Verschmelzung zweier Myzel-Netzwerke unterschiedlichen Geschlechts.

Weinempfehlung

Eher ein Weisswein mit nicht zu viel Säure. Zum Beispiel ein Pinot Grigio oder ein Weissburgunder. Besonders gute Erfahrungen habe ich mit dem Weissburgunder Vorberg aus dem Holzfass von der Kellerei Terlan gemacht. Sogar ein leichter Roter könnte gehen. Die Geschmäcker sind verschieden! Probiere es aus. Wer es nicht mag: Es geht auch ohne Wein.

Margriths Pilzrezept

Zutaten für 4 Personen

1 EL	Sonnenblumenöl
1	Zwiebel, fein geschnitten
500 g	frische Steinpilze und Eierschwämme
Etwas	Pfeffer weiss
Etwas	Muskatnuss, gemahlen
1 TL	Mehl
2 dl	Weisswein
1 EL	Gemüsebouillon
2 dl	Halbrahm
500 g	Tagliatelle o. ä.

So wird's gemacht

Sonnenblumenöl in die Pfanne geben. Zwiebel darin glasig dünsten. Danach geschnittene Pilze zugeben, mit Pfeffer sowie Muskatnuss würzen und mit Mehl bestäuben, dann umrühren.

Mit Weisswein ablöschen und ca. zwei Minuten köcheln lassen. Bouillon dazugeben sowie Halbrahm nach und nach einrühren, bis die Sauce sämig wird (15–20 Minuten). Nach Bedarf nachwürzen.

Daneben Tagliatelle in Salzwasser kochen bis sie «al dente» sind. Im Anschluss nach Belieben garnieren und anrichten.

Alternativ: Pastetli oder Reis als Beilagen

Warum schmeckt es bei Margrith so gut?

Andere haben versucht es genauso nachzukochen, aber es hat nicht so geschmeckt wie bei Margrith. Sie sagt dazu: «Das muesch halt im Gspüri ha!» Also verzweifle nicht, wenn es beim ersten Mal nicht ganz so schmeckt. Das macht halt eine erfahrene Köchin aus.

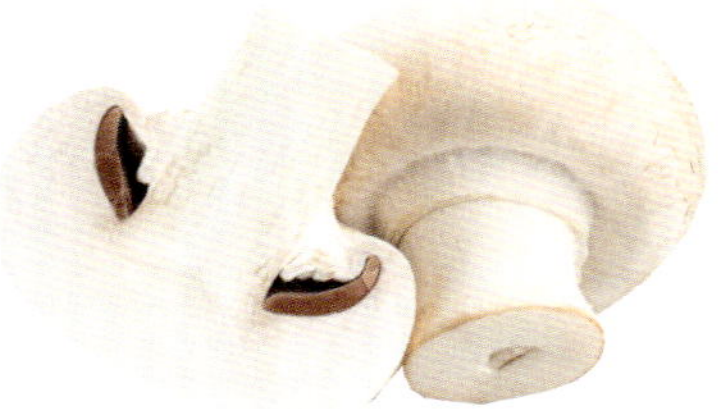

Quelle: Buch «Erfolgsrezepte mit Pilzen»

Rassige Pilz-Gulaschsuppe

Zutaten für 4 Personen

300 g	Pilze
1	grosse Zwiebel
2	Knoblauchzehen
2–3 EL	Öl
1	rote Peperoni
1	Peperoncino
2 EL	Tomatenpüree
1 EL	Paprikapulver
1 EL	Mehl
2–3	Tomaten
200 g	Kartoffeln
1,5 L	Bouillon
Etwas	Salz
Etwas	Pfeffer
1 Handvoll	Petersilie

So wird's gemacht

Pilze in mundgerechte Stücke schneiden, Zwiebel und Knoblauch hacken. Alles im heissen Öl dünsten, bis die Flüssigkeit eingekocht ist.

Inzwischen die Peperoni und Peperoncino entkernen und in Streifen schneiden, Tomatenpüree und gehäutete Tomaten zugeben und umrühren.

Mit Mehl und Paprika bestäuben sowie mit der Bouillon ablöschen. Aufkochen und die in Würfeli geschnittenen Kartoffeln zugeben und etwa 20 Minuten kochen.

Mit Salz und Pfeffer rassig abschmecken, mit der gehackten Petersilie bestreuen.

Heisse Suppe für kalte Winterabende

Natürlich wären Sie selbst auch darauf gekommen, dass eine Gulaschsuppe nicht unbedingt mit Fleisch zubereitet werden muss. Auf jeden Fall schmeckt sie mit Pilzen mindestens genauso gut.

Quelle: Buch «Erfolgsrezepte mit Pilzen»

Käseschnitten mit Pilzen

Zutaten für 4 Personen

300 g	Pilze
1	kleine Zwiebel, gehackt
1	Knoblauchzehe, gehackt
2 EL	Öl
4 Scheiben	Brot, ca. 3 cm dick
4 EL	Öl
0,5 dl	Weisswein
300 g	geriebener Käse, z. B. Greyerzer

Zum Rösten:
etwas Paprikapulver, Salz und Pfeffer

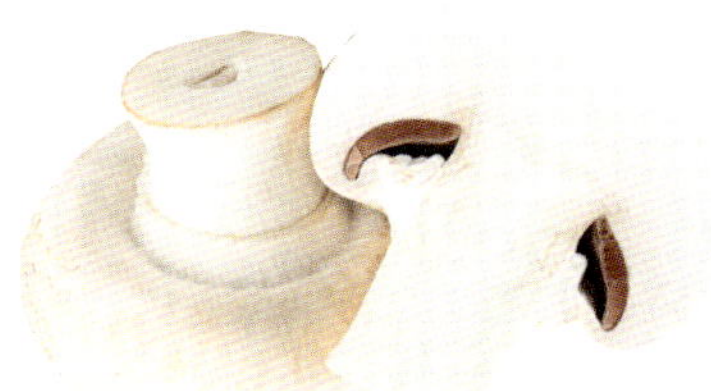

So wird's gemacht

Pilze in Scheiben schneiden. Zusammen mit der Zwiebel und dem Knoblauch im Öl dünsten, bis alle Flüssigkeit eingekocht ist. Mit Salz und Pfeffer abschmecken.

Brot im Öl beidseitig goldbraun rösten, herausnehmen und mit dem Wein beträufeln.

Auf feuerfeste Teller anrichten: Pilze und zuletzt den Käse auf das Brot verteilen.

Im Ofen oder unter dem Grill backen, bis der Käse geschmolzen ist. Vor dem Servieren mit etwas Paprika und Pfeffer würzen.

Varianten

Nach Belieben mit gerösteten Zwiebelringen und/oder einem Spiegelei belegen.

Arten
Pilze sind keine Sorten, sondern Arten, weil sie nicht untereinander gekreuzt werden können. Experten gehen von circa 15 Millionen Pilz-Arten aus.

Bauchpilze
Bauchpilze zeichnen sich dadurch aus, dass ihre Sporen im Inneren der Fruchtkörper gebildet werden. Einige Beispiele sind die Stinkmorcheln, Erdsterne und Boviste.

Blätterpilze
Der Begriff «Blätterpilze», auch Lamellenpilze genannt, bezieht sich auf eine Gruppe von Pilzen, die Fruchtkörper mit Lamellen unter dem Hut haben. Dabei weisen diese Lamellen oft eine blattähnliche Struktur auf, deswegen auch die Bezeichnung «Blätterpilze».

Chitin
Chitin ist ein Bestandteil der Zellstruktur von Pilzen, was sie schwer verdaulich macht. Ähnlich verhält es sich mit dem Chitinpanzer von Insekten und Käfern.

Folgezersetzer
Siehe Saprophyt, Saprophyten, Saprotroph.

Fruchtkörper
Der Fruchtkörper ist der oberirdische, sichtbare Teil des Pilzes.

Gattung
Bei Pilzen ist die Gattung eine Gruppierung von Arten, die aufgrund gemeinsamer morphologischer Merkmale oder genetischer Verwandtschaft zusammengefasst werden. Innerhalb einer Gattung können mehrere Arten existieren.

Huthaut
Die Huthaut ist ein Überzug auf der Oberfläche des Pilzhutes. Diese kann ein- oder mehrschichtig sein.

Hyphen
Hyphen sind fadenartige, verzweigte, schlauchartige, mikroskopisch kleine Zellen eines Pilzes, die einen Grossteil des Pilzgewebes ausmachen. Das Myzel, das die Hauptkörpermasse eines Pilzes bildet, besteht aus einer Vielzahl solcher Hyphen.

Lamellen
Lamellen sind die blattartigen, oft dünnen, parallel verlaufenden Strukturen unterhalb des Pilzhutes. Sie sind Teil des Fruchtkörpers und tragen die Sporen des Pilzes. Die Lamellen erstrecken sich von der Mitte des Pilzhutes bis zum Stiel oder laufen am Stiel herab. Die Anordnung und Farbe der Lamellen können bei verschiedenen Pilzarten variieren und sind ein wichtiges Merkmal für die Identifizierung.

Mykologie
Die Mykologie ist ein Zweig der Biologie, der sich mit Pilzen beschäftigt (die Lehre von den Pilzen).

Mykorrhiza
Enge Lebensgemeinschaft (endotrophe Symbiose) zwischen Pflanzen und Pilzen. Pflanzen geben Zucker an Pilze ab, diese setzen im Gegenzug Mineralien frei und übergeben diese der Pflanze.

Myzel
Das Myzel ist der fadenförmige, vegetative Teil des Pilzes der in der Regel unter der Erde, in einem Substrat oder in einem anderen Wirt lebt. Es besteht aus einem Netzwerk von dünnen Fäden, die als Hyphen bezeichnet werden. Das Myzel ist die Lebensform des Pilzes, die Nährstoffe aus der Umgebung aufnimmt und den Hauptteil des Pilzgewebes bildet.

Pilzklima
Pilze schaffen unterhalb ihres Sporenträgers ein eigenes Mikroklima, bekannt als Pilzklima. Durch das Befeuchten der Luft erzeugen sie Temperaturunterschiede, was zu einem kleinen, eigenen Luftstrom führt. Dieser Luftstrom transportiert die Sporen, nachdem sie freigesetzt wurden seitlich und später nach oben.

Pilzwurzel
Pilzwurzeln beinhalten das Myzel, auch als Mycel bekannt, sowie die Mykorrhiza. Ein Pilz ist ohne einen Symbiosepartner nicht lebensfähig.

Poren
Poren sind die Öffnungen der Röhren bei Porlingen oder Röhrlingen. Es handelt sich um kleine, rundliche oder eckige, schwammähnliche Strukturen mit nach unten gerichteten Sporenständern (Basidien), die sich zwischen dem Hutrand und dem Stiel auf der Unterseite des Pilzes befinden.

Glossar

Riefung
Riefung bezieht sich auf Rillen an der Huthaut oder am Ring, die horizontal oder vertikal verlaufen.

Ring
Ein Ring ist ein ringförmiger Überrest des Velums am Stiel.

Röhren
Röhren sind rundliche oder eckige, schwammähnliche und nach unten gerichtete Sporenständer (Basidien), die sich zwischen dem Hutrand und dem Stiel auf der Unterseite des Pilzes befinden.

Saprobiont
Ein Saprobiont ist ein lebender Organismus, der von totem oder abgestorbenem organischen Material lebt und sich davon ernährt.

Saprophyt, Saprophyten, Saprotroph
Saprophyten sind Pilze, die sich von totem organischem Material ernähren, indem sie es zersetzen. Schleimpilze werden ebenfalls oft als Folgezersetzer bezeichnet, da sie oft sowohl saprophytisch als auch parasitär sind. Sie konsumieren nicht nur tote, sondern auch lebende Bakterien von verschiedenen Oberflächen.

Schlauchpilze
Schlauchpilze sind eine grosse Gruppe von Pilzen, die sich durch die Produktion ihrer Sporen in spezialisierten Strukturen namens Asci auszeichnen. Diese Asci sind röhrenförmige Zellen, die die Sporen enthalten. Die Gruppe der Schlauchpilze umfasst eine enorme Vielfalt von Arten wie zum Beispiel Morcheln, Trüffel, Keulen.

Schleierlinge (Cortinarius)
Diese Pilze sind durch ihre charakteristischen Sporenträger, die als «Schleier» bezeichnet werden, gekennzeichnet. Der Schleier ist eine Art feines Netz, das bei jungen Pilzen zwischen dem Stiel und dem Hut besteht.

Sporenpulver
Sporenpulver bezeichnet die Ansammlung von Sporen eines Pilzes. Die Farbe des Sporenpulvers gibt Hinweise auf die mögliche Gattung des Pilzes. Durch das sogenannte Pilzklima werden Sporen auch auf die Hutoberfläche befördert, wodurch sie als Pulver sichtbar werden.

Ständerpilze
Ständerpilze sind Pilze, bei denen die Sporen an spezialisierten Strukturen namens «Ständern» oder «Basidien» gebildet werden. Diese Gruppe umfasst die Basidiomyceten, eine Klasse von Pilzen, die eine Vielzahl von Arten wie Stoppelpilze, Röhrlinge und Porlinge einschliesst. Sie umfassen rund 30 000 Arten – das sind etwa 30 Prozent aller Pilzarten.

Stielbasis
Die Stielbasis bezeichnet den unteren Teil des Pilzstiels.

Stielspitze
Die Stielspitze bezeichnet den oberen Teil des Pilzstiels.

Substrat
Nährboden (Humus, Holz, Dung, Laub, Horn, Nadeln, Tiere usw.), der von einem saprophytischen Pilz besiedelt wird und von dem er seine Nahrung bezieht.

Symbiose
Symbiose bezeichnet eine enge Lebensgemeinschaft, wie sie bei der Mykorrhiza zwischen Pflanzen und Pilzen auftritt. Symbiosen sind oft so eng, dass der Verlust eines Partners auch den Tod des verbleibenden Partners zur Folge haben kann.

Vitalpilz
Der Ausdruck «Vitalpilz» ist in erster Linie ein Begriff aus dem Marketing. Hierzu zählen beispielsweise Raupenpilze, Schmetterlingstrameten oder Lackporlinge. Der aktuelle Kenntnisstand bezüglich potenzieller Wirkungen von Produkten, die als Vitalpilze vermarktet werden, befindet sich noch im fortlaufenden Forschungsprozess.

Zystiden
Die Zystiden sind sterile Zellen zwischen den Basidien, am Stiel oder auf der Huthaut von Pilzen. Ihr Vorhandensein und die Form der Zystiden sind für eine mikroskopische Art- oder Gattungsbestimmung oftmals entscheidend. Nach dem Ort ihres Auftretens werden Cheilo-, Pleuro-, Dermato- und Caulozystiden unterschieden.

Dankeschön

Liebe Leserin und lieber Leser,

Die Entstehung dieses Buches war eine erlebnisreiche Reise, die mit viel Arbeit, aber auch mit inspirierenden Erfahrungen verbunden war. An dieser Stelle möchte ich von Herzen all jenen danken, die mich auf dieser Reise begleitet und unterstützt haben.

Als Erstes gebührt ein besonderer Dank meiner liebevollen Frau, Margrith, die mich stets ermutigt hat, selbst wenn die Arbeit manchmal herausfordernd war. Sie hat hautnah miterlebt, wie oft ich unterwegs war oder Stunden am Computer verbracht habe, um an Bildern und Texten zu feilen.

Ein herzlicher Dank auch an Vreni Reichenbach, die die ersten Texte korrigierte und Peter Reichenbach, der mir durch seine ehemalige Tätigkeit ermutigte, dies bei einem Verlag zu veröffentlichen.

Auch Leni Gertsch, unser talentiertes Grosskind und erfolgreiche Mediamatikerin, hat mir in der ersten Phase wertvolle grafische Ratschläge beigesteuert. Danke für deine Hilfe.

Die enge Kooperation mit dem Pilzverein Interlaken war für mich äusserst wertvoll. Während der Bestimmungsabende konnte ich zahlreiche Inspirationen und hilfreiche Tipps sammeln, die direkt in die Gestaltung dieses Buches eingeflossen sind.

Ein besonderer Dank gebührt Hans Wysser, der mich fachlich begleitet und mit seinen wertvollen Ratschlägen dazu beigetragen hat, dass die Erläuterungen präzise und korrekt sind.

Es hat mich erfreut zu sehen, dass auch Wolfgang Bachmeier, ein anerkannter Pilzsachverständiger aus Passau, sich die Zeit genommen hat, diese Beiträge zu begleiten. Seine beeindruckende Fülle an Wissen teilt er grosszügig im Internet für alle Interessierten.

Ein herzliches Dankeschön geht auch an den Weber Verlag, der es mir ermöglicht hat, dieses Werk zu veröffentlichen. Es waren doch einige Personen daran beteiligt. Sie werden im Impressum erwähnt.

Zu guter Letzt, aber keineswegs am wenigsten, möchte ich mich bei dir, liebe Leserin und lieber Leser, für dein Interesse an meinem Pilzbuch bedanken. Ich hoffe, dass du genauso viel Freude beim Lesen und Betrachten hattest wie ich beim Gestalten. Diese Erfahrung hat mir ebenfalls ermöglicht, die Welt der Pilze mit einem neuen Blick zu sehen.

Nochmals vielen Dank an alle Beteiligten, die dazu beigetragen haben, dass dieses Pilzbuch Realität geworden ist. Ohne sie alle wäre die Erstellung dieses Buches in dieser Qualität nicht möglich gewesen.

Herzliche Grüsse

Andreas Leuenberger

Impressum

Idee und Texte: Andreas Leuenberger
Gestaltung: Andreas Leuenberger, Bettina Ogi

Leitung/Konzept: Annette Weber-Hadorn
Gestaltung Cover: Sonja Berger
Lektorat: Alice Stadler
Korrektorat: Lena Kissóczy

Fotos inkl. Umschlag: Andreas Leuenberger
Fotos Seite 38, 50, 56, 143 Hans Wysser
Fotos Seite 92, 113 Barbara Häni
Fotos Seite 102, 150 Urs Jenzer
Foto Seite 172 Rachel Clair

Der Weber Verlag wird vom Bundesamt für Kultur mit einem Strukturbeitrag für die Jahre 2021–2025 unterstützt.

ISBN 978-3-03818-564-2
www.weberverlag.ch

Quellennachweis

Die fachliche Unterstützung wurde von verschiedenen engagierten Personen begleitet:

Hans Wysser, Pilzverein Interlaken und Umgebung (CH)
Amtlicher Pilzkontrolleur Vapko

Wolfgang Bachmeier, 94034 Passau (D)
Pilzsachverständiger DGfM

Internetseiten:
‹www.123pilze.de› von Wolfgang Bachmeier
Diese Quelle ist für mich immer wieder eine Inspiration. Darauf kann ich mich verlassen, weil die Daten laufend aktualisiert werden.

«Flechten» swisslichens.wsl.ch
abgerufen am 22. April 2024

«Candidose», Pilzinfektion auf ‹usz.ch›,
abgerufen am 22. September 2023

«Carotinoide» auf ‹flexikon.doccheck.com›,
abgerufen am 15. Oktober 2023

«Cordyceps» auf ‹zentrum-der-gesundheit.de›,
abgerufen am 20. Oktober 2023

«Hefe» auf ‹schweizerbrot.ch›,
abgerufen am 25. November 2023

«Hefeproduktion» auf ‹hefe.ch›,
abgerufen am 25. November 2023

Pilzrezepte auf den Seiten 183, 185:
Buch «Erfolgsrezepte mit Pilzen» von den vier Autoren Hans Zurbuchen, Höri Matter, Godi Kolb und Herbert Steiner vom Pilzverein Interlaken und Umgebung. (Das Buch ist vergriffen)

Autorenporträt

Andreas Leuenberger

Andreas Leuenberger, geboren 1957, ist in Thun aufgewachsen. Bereits in jungen Jahren entwickelte sich seine Begeisterung für Technik, die ihn auf seinem Lebensweg begleiten sollte. Seine berufliche Tätigkeit als Programmierer von Steuerungstechnik ermöglichte ihm mehrere faszinierende Aufenthalte in China, wo er nicht nur berufliche Herausforderungen meisterte, sondern auch neue Kulturen kennenlernte.

Sein Selbstverständnis als Autodidakt spiegelt seine Bereitschaft wider, kontinuierlich zu lernen und sich den Herausforderungen der sich stetig wandelnden Technologielandschaft zu stellen. «Das Lernen wird nie aufhören», so lautet sein Motto. Auf diese Weise hat er auch in der Energietechnik seine Spuren hinterlassen.

Die Leidenschaften für Fotografie und das Sammeln von Pilzen begleiten Andreas Leuenberger bereits ein Leben lang. Nach seiner Pensionierung entstand aus diesen Interessen heraus das vorliegende Projekt.